中國
花木民俗文化

下冊

目　錄

朝開暮落復朝開
——趣話木槿花

夏秋之季，已是花事寂寞，卻見木槿花開，紛披陸離，迎霞沐日，臨風招展，光彩秀麗。

木槿花的最大特點是朝開暮落，日日不絕。幾乎從 5 月到 10 月都可以看到木槿花。《廣群芳譜》載：「（木槿）有單葉千葉之殊，五月始開，朝開暮落。」古代詩人正抓住木槿花這一特色，寫下大量詩篇。唐白居易《秋槿》詩云：「中庭有槿花，榮落同一晨。」宋楊萬里《木槿》詩：「夾路疏籬錦作堆，朝開暮落復朝開。」唐崔道融《槿花》詩：「槿花不見夕，一日一回新。」宋紹隆《朱槿》詩：「朝開暮落關何事，只要人知色是空。」這些詩，都道出了木槿花朝開暮落的特點。

木槿原產於中國，歷史頗為悠久，早在中國的第一部詩歌總集《詩經·鄭風·有女同車》中即有：「有女同車，顏如舜華。」「有女同行，顏如舜英。」其詩意為：跟我坐在同一車上的少女，那嬌美的容顏就像盛開的木槿花；那與我同行的少女，美麗的臉龐正像木槿花一般。舜華、舜英都是指木槿花。舜，古時解釋為一瞬間之意。因木槿花開時間短暫，朝開暮落，故又稱木槿為「朝開暮落花」。《埤雅》云：「顏如舜華，則言不可與久也；顏如舜英，則不愈不可與久矣。蓋榮而不實者謂之英。」

木槿還有朝菌、朝華、日及等別稱，也都是因其花朝開暮落而得名。

木槿的別名還有很多，花色也不少。如《花鏡》上曰：「木槿一名舜英，

一名王蒸，又名日給、重臺、花上花等諸名。唯千葉白與紫大紅、粉紅者佳。葉繁密，如桑而小。花形差小如蜀葵，朝榮夕殞，遠望可觀。若單葉柔條，五瓣成一花者，乃籬槿也，止堪編籬，花之最下者。海南有朱槿，但不易得耳。」《廣群芳譜》亦云：「木槿一名椴，一名日及，一名王蒸，一名舜，一名朝菌，一名朱槿，一名赤槿，一名朝開暮落花。木如李，高五六尺，色微白，可種可插。葉繁密如桑葉，光而厚。末尖而有丫齒，花小而豔，有深紅、粉紅、白色、單葉、千葉之殊。五月始開，朝開暮落。」

木槿花色有紫、紅、白、淡紫、深紅、粉紅、玫瑰紅、藍紫等色，古人還把紅花的木槿稱為「櫬」，將開白花的稱為「椴」。開白花的木槿，其實是木槿的變種，可能就是《花鏡》上所說的千葉白，分為單瓣白花木槿和復瓣白花木槿。白木槿花色潔白，姿容清雅，元代詩人舒就有一首《詠白木槿》詩云：「涼夜弄清影，縞衣照嬋娟。」

古詩中詠紅木槿花者較多。紅木槿又稱朱槿、赤槿。唐代詩人李紳也有《木槿》詩贊曰：「瘴煙長暖無霜雪，槿豔繁花滿樹紅。」

紫色重瓣木槿，也是木槿的變種，其花瓣中心抽出一條花柱，其上又生一層花瓣，這可能就是《花鏡》中所指的「紫大紅」、「重臺」了。

木槿極易與其同屬的姊妹花扶桑、木芙蓉等混淆，在中國其同屬的姊妹花有二三十種。在南方廣東、廣西、雲南等地的山谷或路旁有一種開形似美麗芙蓉花的叢生灌木，葉形似棉，高約 3 公尺，當地人稱「野棉花」。每年 7 至 12 月開花，花粉紅或白色，花大直徑可達 10 公分，十分美麗可愛、嫵媚動人。在雲南西雙版納密林中，有種木槿葉大如桐樹，樹幹高達 6 公尺以上，每年 3 至 5 月開花，花蕊紫色，瓣為黃色，豔麗奪目，當地傣族人稱其

為「郎梅」，常用其樹皮來搓繩。在海南島和雲南的山谷、林緣還生有一種刺木槿，高約 1 公尺，莖上有刺，花為黃色，中間為暗紅色，9 至 10 月開花，花似芙蓉花，故又叫刺芙蓉，但它是一年生的草本植物。

木槿花雖然朝開暮落，但它日日不絕，花開不敗，花期較長，所以又稱它為「無窮花」，有「日新之德」。古人又稱它為「美女花」。與中國毗鄰的朝鮮、日本等國人民較喜歡此花。朝鮮還把它定為國花，用木槿的這種朝開暮落、日日更新的特徵來象徵民族的不屈不撓、堅毅頑強的精神。

木槿屬錦葵科落葉灌木，在南方可長成 2 至 3 公尺的小喬木，7 至 10 月開花不絕。葉互生，為菱狀卵形，具有深淺不同的 3 裂或不裂。花單生於葉腋，小苞片 6 至 7 枚，萼片五裂，花瓣 5 枚。其枝條柔韌不易折斷，除園林觀賞和作綠籬外，枝條還可編織簍、筐等，枝條的莖皮多纖維，還是織蓑衣、搓繩索或造紙的好材料。《花經》對其作了較全面的概述：「木槿矮生，高七八尺，枝條柔性，屈曲不斷；葉互生，卵形，端裂 3 片，而如楔狀，猶似鴨掌及劍頭，蘇人呼之為劍樹；夏日開花，分白、紫、紅、灑金諸色，瓣有單、重之殊，朝開午萎，故又有日及之異名……古時婦女，每遇乞巧日，將槿葉搗汁，洗濯髮絲，以去油垢。故至今山村中尚偶行此風雲。莖之內皮富纖維，可造紙；單瓣白花者，則尚堪入藥。」

木槿花還可食用，將其與蔥花、麵粉調製後，入鍋油煎，香脆可口，稱為「面花」。如和豆腐一起做湯，清香可口。木槿嫩葉還可泡茶。用葉汁洗頭，頭髮油黑光亮。其葉、根及莖皮、種子（朝天子）還可入藥。《本草綱目》中云：「消瘡腫，利小便，除濕熱。」此外，還可治療頑癬、痢疾、婦女病和腫痛。用木槿花可製成避孕飲料，可抑制和調節婦女排卵功能，長期服

用無副作用，已引起世界衛生組織和聯合國人口基金會的重視。

木槿不學桃李花，不與群芳爭妍，開花於秋前，朝開暮落，日日更新，奮發向上，繁花似錦，紅葩綠葉，多種用途，留芳於世，以其頑強的生命力博得了人們的喜愛。

醉裏遺簪幻作花
——趣話玉簪花

玉簪，即古代用白玉或金、銀、骨頭材料所製成的首飾，是用來固定髮髻的妝飾物。用玉簪來稱花名，這來源於一個傳奇的神話故事。相傳，王母娘娘每年都要在瑤池舉行宴會，用仙桃佳果、玉液瓊漿來招待各路神仙。有一次，一位仙女因喝多了玉液瓊漿，酩酊大醉，在以瑤池水為鏡梳妝時，不小心將髮髻上插的一支玉簪掉落人間，成為人世間的玉簪花。

自從人間有了玉簪花，加上這動人神奇的傳說故事，歷代詩人便歌詠不絕。宋代詩人王安石在《玉簪花》詩中就記敘了這個傳說故事，贊詠玉簪花如麝的馥郁濃香，詩云：「瑤池仙子宴流霞，醉裏遺簪幻作花。」

玉簪花又被稱為「江南第一花」，北宋詩人黃庭堅也有一首《玉簪》詩云：「玉簪墮地無人拾，化作江南第一花。」

宋代吳震齋也有《玉簪花》詩，完全是根據這個神奇的傳說故事寫的。詩云：

素娥昔日宴仙家，醉裏從他寶髻斜。

遺下玉簪無覓處，如今化作一枝花。

關於玉簪花的得名，《廣群芳譜》則說：「漢武帝寵李夫人，取玉簪搔頭，後宮人皆傚之，玉簪花之名取此。」也有根據其花形而取名。《廣群芳譜》仍云：「未開時，正如白玉搔頭簪形。」這些都是根據其形、其色、其典故而得名，與其特點相吻合，都有道理。

玉簪花為百合科玉簪屬多年生宿根草本花卉，又名白玉簪、玉春棒、白萼、白仙鶴、棒玉簪等，四川稱為玉泡花。古代還有季女、內消花等別稱，株高 50 至 70 公分。它碧葉柔莖，葉基生。葉為卵形或心形，花莖由葉叢中抽出，花梗高可達 70 公分，梗上還有細葉，中生白色玉一般花朵，有花 5 至 15 朵，花長 6 至 10 公分，花蕾如簪子，花姿喜人，花開漏斗形。花頭開裂為六瓣，吐出淡黃色花蕊。花期 6 至 10 月，朝開夜合，濃香襲人。

人們喜愛玉簪花，並把唐代地位很高的女詩人上官婉兒作為玉簪花神。傳說她常喜歡在花前讀書，尤其喜歡在夏日的傍晚，伴著玉簪花的幽香，細細品味書中辭章妙句，並寫出很多傳世的詩作，很得武則天的寵幸，可惜後來她成了宮廷政變的犧牲品。但她的才華和博學，至今仍受人們的稱道，被作為玉簪花神。

玉簪花玉骨冰姿，喜陰避陽，有夜晚開花的習性，明月下的玉簪花才最為動人。因此，詩人寫玉簪花多與月結合起來，以冰月相襯。元人劉因就有《玉簪》詩曰：「徘徊明月光，泛泛如相親。因之欲有托，風鬟渺冰輪。」他

還有一首《玉簪花》七言詩曰:「花中冰雪避秋陽,月底陰陰鎖暗香。」把玉簪花與月的相襯相映、花前月下、盡情舒香的特性寫了出來,讓人迷醉、玄思。

玉簪花聽其名即知花白如玉,可也不盡然,現在還有一種紫玉簪,也叫紫萼,葉比白玉簪小,較薄,沒有香氣,讓人遺憾。還有一種葉片為披針形,比白玉簪狹,所以叫狹葉玉簪,是玉簪的變種。另外,還有一種重瓣玉簪,也是玉簪的變種。《群芳譜》中還介紹有一種玉簪:「亦有紫花者,葉微狹,花小於白者,葉上黃綠相間,名間道花。」這也是一種變種的花葉玉簪。

玉簪花不僅可供觀賞,還有重要的藥用價值,其性味甘、涼,有毒,有清熱解毒、利尿消腫之功效。另據《分類草藥性》云:「(玉簪花)治遺精、吐血、氣腫、白帶、咽喉紅腫。」《本草品匯精要》亦云:「根搗汁,療渚骨鯁。」此外,玉簪花還可提取芳香浸膏,香氣甚濃,可作香精用。白玉簪還可食用,明代《遵生八箋》載:「採半開蕊,分作二片或四片,拖面煎食,若少加鹽、白糖入面調勻,拖之味甚香。」玉簪花還有較強的淨化二氧化硫和氟化氫的能力,可作氯和氟的監測植物。

玉簪花原產於中國,因其花姿清幽,潔白如玉,高雅芬芳,所以成為人們廣為喜愛的花卉。

高冠獨立似晨雞
——趣話雞冠花

秋光及物眼猶迷，著葉婆娑擬碧雞。

精彩十分伴欲動，五更只欠一聲啼。

　　這是宋代詩人趙企的一首《詠雞冠花》詩，詩人著眼雞冠花的名稱和形態，把花寫成了雞，饒有情趣。

　　「高冠紅突兀，獨立似晨雞。」雞冠花的確形如花名，我們彷彿看到一隻朱冠巍峨、神采奕奕、精神抖擻、昂首挺立的雄雞，在秋日晨光的照耀下，正引吭高歌。

　　雞啼無聲，無聲勝有聲。金秋時節，草枯葉落，眾卉凋謝，雞冠花卻昂然不畏風吹雨打，雄姿勃發，朱紫奮彩，爭奇鬥勝。難怪歷代文人墨客題詩詠詞，留下這許多千古麗詩藻詞。

　　相傳，雞冠花原產於亞熱帶地區，亦說原產於印度，後傳入中國，這是根據其梵名「波羅奢花」的別名而來，這些均難作依據。中國北宋詩人梅堯臣也有詩云：「神農記百卉，五色異甘酸。乃是秋花實，金如雞幘丹……」梅堯臣說雞冠花在神農嘗百草時已記錄下來了。照此之說，雞冠花應最早產於中國了。即使算是從印度傳入中國，也已在隋唐以前，距今也有 1000 多年的悠久歷史。

　　雞冠花屬莧科，一年生草本植物，株高 40 至 90 公分，花序頂生，扁化為雞冠狀。人們常認為其扁扁的雞冠狀的花冠是一朵花，其實這是一個肉質的大花序，上部呈羽狀，中下部由許多乾膜狀小花集聚組成一個花冠，花期在 8 至 10 月，秋後葉先凋花遲謝。《花鏡》曰：「雞冠似花非花，開最耐久，經霜如焉。」說明了它的花期長。宋詩人孔平仲也有詩贊曰：「禁奈久長顏色

好，繞階更使種雞冠。」所以歷代人們都喜歡把它栽於庭院中。

雞冠花的別名也甚多，《花史》中稱「波羅奢花」，《楓窗小牘》稱「洗手花」，《花木考》則美稱為「玉樹後庭花」。其種類也頗多，姿色俱麗，有呈掃帚狀的「掃帚雞冠」，有扇面形的「扇面雞冠」，有紫、黃色各半的「鴛鴦雞冠」，有植株矮小，有三或五色的「壽呈雞冠」，還有形似纓絡的「纓絡雞冠」等等。常見的雞冠花多為血紅色，卓然挺立，形色和雄雞之冠很相似。後經培育，又有了金黃、棕黃和淡黃系列和玫紅、橙紅、紫紅系列，以及紅黃夾雜的灑金、二喬等復色系列。此外，還有罕見的白色。真可謂是姹紫嫣紅，絢麗多彩。雞冠花

關於白色雞冠花，還有一段名人逸聞趣事呢。根據《花史》載：明代曾經主持纂修《永樂大典》的解縉，才思敏捷，有一次，他隨建文帝遊御花園，忽見前面栽種一片紅雞冠花，皇帝指著雞冠花令其以雞冠花為題立即賦詩一首。解縉不敢怠慢，隨口便吟出一句：「雞冠本是胭脂染。」解縉話音剛落，建文帝立即從袖中掏出一枝白雞冠花故意說：「解愛卿，我讓你吟的是一首白雞冠花詩啊！」解縉不慌不忙，靈機一動又繼續吟道：「今日為何成淡妝？只為五更貪報曉，至今戴卻滿頭霜。」

解縉急中生智，巧吟了白雞冠花詩，不僅自然貼切，而且對白雞冠花之所以「白」，也作了有趣的詮釋。解縉的沉著機智，不僅讓眾臣佩服，也令皇帝更加相信、重用他了。

關於雞冠花，民間還有一個神奇的傳說故事。在河南省的西南部伏牛山脈有一個蜈蚣嶺，蜈蚣嶺下住著一家張姓的母子二人，兒子雙喜尚未娶親。

有一天，雙喜上山砍柴回來，已近黃昏，只見山路上一位年輕貌美的姑

娘坐在那裏啼哭，說父母早亡，孤身一人，無路可走，雙喜便把她帶回了家。

回到家後，母子二人很是同情可憐她，就把她收留了下來。雙喜娘見姑娘長得秀麗聰慧，想讓她做兒媳婦，姑娘滿口應允。

第二天早上起來，那姑娘到院裏掃地，家裏的大公雞見她後，頸毛直豎，張牙舞爪向她撲來，嚇得她慌忙跑入屋內，面如土色。幸虧雙喜趕走了公雞，她才安靜下來。當晚，雙喜和姑娘就成了親，但她再也不敢出門。

一天，雙喜又要上山砍柴，那姑娘說在家裏寂寞，要和雙喜一塊上山砍柴，雙喜高興地答應了。雙喜和姑娘來到蜈蚣嶺上，姑娘現出了蜈蚣原形，正要吸雙喜的腦髓，突然躍出一隻大公雞向蜈蚣撲去，猛啄蜈蚣。經過一場惡鬥，蜈蚣被大公雞啄死，這隻大公雞也累死了。

雙喜醒過來，知道了那姑娘正是蜈蚣精，啄死蜈蚣精的正是家裏養的那只大公雞。雙喜又感動又痛心地把大公雞就地埋在了山上。不久，埋公雞處長出了一枝開著像公雞冠一樣鮮紅的花來，遠看就像一隻紅公雞昂首挺胸站在那裏振翅欲啼。從此後，人們便把這花叫雞冠花，這座山由蜈蚣嶺改名為金雞嶺。人們也把這花移到庭院裏栽種，認為這樣就不會受到蜈蚣的侵害。這無疑增加了雞冠花的吉祥內涵。

雞的諧音為「吉」。公雞在民間還是吉祥物，那麼雞冠花形似大公雞，所以又被賦予吉祥的寓意。除上面所說的雞冠花可避邪，防蜈蚣、毒蟲外，民間還把它作為祭品來祭祀祖先。《楓窗小牘》記：「雞冠花，洛京謂之洗手花。中元節前，兒童唱賣，以供祖先。」宋時，汴梁開封即稱雞冠花為洗手花，古時在中元節，開封大街小巷就有兒童提著籃子賣雞冠花，專供人們買

去祭祀祖先用。

雞冠花不僅可供觀賞，其花序和種子還可入藥，有清熱止血、止瀉的功效，可治赤白痢疾、痔瘡出血、腸出血、吐血等病，亦治肝病和眼病，民間還用它來治婦女血崩。

雞冠花其子很小，味似榛子，可炒熟吃或混入小麥中製成麵粉，富含蛋白質和多種維生素，是人類理想食品之一。中國歷史上就將其作為救荒濟民的食品。朱元璋的第五子朱橚在明初所著的《救荒本草》中載：「救荒，採葉炸熟水浸淘淨，油鹽調食。」此外，雞冠花還是抗環境污染的理想花卉，具有抗二氧化硫、氯化氫等有毒氣體的能力，可起到淨化空氣、美化環境的作用。

雞冠花喜炎熱，畏寒冷；喜沙壤土，忌澇和黏土，主要以播種繁殖。

竹桃今見映朱欄
——趣話夾竹桃花

當您漫步於街心綠化地帶，或行走在工廠、機關、學校，隨處可以看到那葉似竹，花似桃，姿態瀟灑，花澤豔麗，葉色蒼翠的夾竹桃，花開紅似一層雲霞，白如一團瑞雪，確實嫵媚動人，賞心悅目，真可謂「夾竹桃開春常在」。

夾竹桃有青竹的瀟灑姿態，又兼有桃花的嫵媚風情，為夾竹桃科常綠灌木或小喬木。《群芳譜》云：「葉長而尖，似桃柳葉，有鋸齒，故又有夾竹桃

之名。」《花鏡》則曰：「夾竹桃本名枸那，自嶺南來。夏間開淡紅花，五瓣，長筒，微尖。一朵約數十萼，至深秋猶有之。因其花似桃，葉似竹，故得是名，非真桃也。性惡濕而畏寒，十月中即宜置向陽處，以避霜雪……今人在五六月間，以此花配茉莉，婦女簪髻，嬌嫋可挹。」

夾竹桃花為中國傳統名花，中國在宋代以前已有栽培。宋代詩人李覯是位教書先生，他有《弋陽縣學北堂見夾竹桃花有感而書》詩云：「暖碧覆晴殷，依依近水欄。異類偶相合，勁節何能安？」

夾竹桃花色豔麗，葉翠可愛，花期很長，自夏至秋，次第開放。另外，它還有一個最大特點，即病蟲害極少，栽培管理簡單。夾竹桃莖葉有毒，其樹皮和果實也含有劇毒物質——夾竹桃苷，據說牛、羊吃了它的葉子會中毒死亡。因此，害蟲、病菌不敢侵害它，所以，它一直蒼翠繁茂。它還可以製成一種殺蟲劑，用夾竹桃葉搗碎拌入食物中可誘殺蚊蠅。若用夾竹桃葉煎水後撒入糞坑中，蛆蟲會全部被殺死，所以它是一種天然的無化學藥害的殺蟲劑。

夾竹桃含有毒性，其花、葉也可入藥，據藥理實驗和研究，其花、葉有強心、利尿、抑癌、興奮子宮的作用，但要經醫生指導使用。其中毒反應類似洋地黃中毒，會產生心律不齊、胃腸道紊亂等症狀。若中毒後應及時送醫院採取催吐、洗胃措施，進行搶救。

夾竹桃栽培很簡單，可採用壓條、扡插法繁殖。夾竹桃萌芽力強，春季三四月份或梅雨季節，選一年生枝條，剪為 40 公分小段，插入土中，注意遮陰澆水，成活率很高。也可剪一年生枝，插入有水的花瓶中，經常換水，待莖長出白根一寸長左右，即可栽入土中，第二年即可開花。

夾竹桃除以上作用外，還是最好的「抗污染勇士」。它具有很強的抗塵、抗煙、抗毒的本領。研究發現：它不僅能抵抗和吸收二氧化硫、氯氣、臭氧、二氧化氮、氟化氫等多種有害氣體，在惡劣的環境中還能茁壯生長。它不僅可以綠化、美化環境，還被人們譽為花木中「抗污染的勇士」。

夾竹桃花色主要是紅色和白色，也有黃色的，有單瓣的，也有重瓣的。夾竹桃有這麼多的作用和好處，又兼有桃竹之勝，把桃花的豔冶、熱烈和翠竹的疏朗、瀟灑集於一身，在花木中實為罕見。

桂子飄香月下聞
——趣話桂花

農曆八月中秋，金風送爽，一樹樹桂花競放，丹桂香溢，天芬仙馥，沁人心脾，不禁使人想起唐代詩人桂花宋之問的詩句：「桂子月中落，天香雲天外。」真乃令人神往，讓人遐想。

中國是桂之故鄉，全國各地均有種植。桂在中國已有 2500 年的歷史。《呂氏春秋》中記有：「物之美者，招搖之桂。」《山海經》中云：「招搖之山，其上多桂。」在陝西省勉縣城南定軍山武侯墓前有兩株桂樹就栽於漢代，人們稱為「漢桂」，至今，中秋時仍花香四溢，濃鬱醉人，並美譽為「雙桂流芳」，寓桂生命力之強、壽命之長。

桂是中國傳統名貴花木，又稱木樨、九里香、金粟等。為木樨科常綠灌木，高可達 10 多公尺。桂花又是中國十大名花之一，四季常青，樹葉繁茂。

桂品種繁多，按花色分有金桂、銀桂、丹桂；按特性分有四季桂、月月桂、岩桂等。桂花花香襲人，每到中秋節前後，眾芳搖落，而桂枝葉腋間卻綴滿密集的小花，清香飄逸，濃馥致遠，故有「獨佔三秋壓群芳」之美譽。八月還被稱為「桂月」，人們寄予桂花以崇高、友好、吉祥的寓意。南宋人張邦基《墨莊漫錄》云：「（桂）木而花大，香尤烈。一種色白，淺而花小者，香短。清曉朔風，香來鼻觀，真天芬仙馥也。湖南呼九里香，江東曰岩桂，浙人曰木犀，以木紋理如犀也。然古人殊無題詠，不知舊何名。故張芸叟詩云：『策馬欲尋無路人，問僧曾折不知名。』蓋謂是也。」

中國遍植桂樹，尤以江南的蘇州、杭州、桂林和成都最享盛名。杭州靈隱寺周圍山上就植有很多桂樹，詩人白居易、蘇東坡都曾在此披月賞桂、行吟詠歌。四川新都有桂湖，湖畔有桂 200 餘株，中秋桂花開時，香飄十里。蘇州中秋賞桂之風更盛，虎丘賞桂成為一絕。杭州西湖滿覺隴的桂花，花開時滿谷芳香，連栗子樹上的栗子都染上桂花的香味，稱為「桂花栗子」，享有盛譽。這裏還有一個風俗，桂花盛開時，滿覺隴的姑娘在樹下撐起帳子，小夥子上樹用力搖晃，那樹上金黃色的桂花像雨點一樣紛紛落下，被稱為「桂花雨」。在這花香溢人的桂花雨下，他們談情說愛，共訴衷腸。廣西桂林的桂花更是有名，因廣西桂林遍植桂樹，桂花已成為廣西壯族自治區的區花。桂林所特產的桂花酒、桂花糕等香飄海內外，享譽久遠。

「月中有丹桂，自古發天香。」說到桂花，人們自然會聯想到月亮中的桂樹及吳剛伐桂的神話故事。

傳說，月中有棵桂花樹，高五百丈。漢朝河西人吳剛，學仙時犯了錯誤，被罰去月中伐桂。但這棵桂樹隨砍隨合，一直生機勃勃。所以，吳剛砍

樹不止，永無盡期，只有到中秋節這天才可以休息一天，與人間共度佳節，痛飲桂花酒。

因月中有桂，所以，古人稱月亮往往也帶「桂」字。如稱月為「桂魄」、「桂宮」、「桂輪」、「桂月」，這些美稱都被詩人作為月亮的代名詞。

「桂子月中落，天香雲外飄。」不僅傳說月中有桂，而且傳說人間的桂樹也是從月宮中傳來的。所以又有「月中桂子」的神奇傳說。宋代僧人遵式《月桂峰詩序》云：「天聖辛卯秋，八月十五夜，月有濃華，雲無纖翳。天降靈實，其繁如雨，其大如豆，其圓如珠，其色有白者、黃者、黑者，殼如黃實，味辛。識者曰此月中桂子。」宋代錢易在《南部新書》中云：「杭州靈隱山多桂，寺僧曰：『月中種也。』至今中秋夜往往子墜，寺僧亦曾拾得。」可見，桂果然結子。因為，桂為雌雄異株，雌桂少見，所以難見其子。古人寫中秋賞桂的詩中，多用此典故。如宋代虞儔《有懷漢老弟》詩云：「芙蓉泣露坡頭見，桂子飄香月下聞。」

關於「月中桂子」，民間還有一個神奇美妙的傳說。有一年中秋節半夜時分，杭州靈隱寺的燒火和尚德明到廚房燒粥，聽見一陣像下雨的聲音，但一看明月當空，覺得很奇怪。他走到院內抬頭一望，只見從月亮裏落下無數小顆粒，有黃豆那麼大，五顏六色很好看。他就一顆一顆地拾起來，到天亮時拾了一大兜子。

第二天早上，德明和尚就把拾得的一顆顆小粒兒拿去給師父智一老和尚看，智一看後說：「這是月宮中的桂樹落下的桂子，是吉祥之物。」

福增貴子於是，師徒二人把拾來的桂子種在寺前寺後的山坡上。過了些日子，桂子竟然發出嫩芽，很快長成小樹苗，一年長有丈把高。到第二年中

秋節，每株樹上開出密密麻麻的小花朵，有金黃色的，有雪白的，有緋紅
的。德明和尚就按照不同顏色把它們叫做金桂、銀桂、丹桂……從此，靈隱
寺四周長滿各種桂花。現在，靈隱寺旁的一個山峰就叫「月桂峰」。

據傳漢武帝特喜桂樹，他在太初四年（前 101 年）建了一座宮殿，起名
叫桂宮。宮內還建有迎神的桂館、桂臺，他還用桂木為柱築了一座水上宮室
靈波殿。這一切大概與漢武帝好神仙有關，因神仙認為以桂為食，可輕身飛
升、延年益壽，所以武帝特別信奉這些。

民間把桂樹作為吉祥物，主要是因為「桂」諧「貴」音，多用來象徵富
貴，用於祈子時有「天降貴子」之義。吉祥圖案中也常以桂入畫，如蓮花與
桂花的紋圖「連生貴子」；如把桂和蘭畫於一圖的「桂子蘭孫」，因此後世稱
子孫發達，光宗耀祖為「蘭桂齊芳」。還有桂花與蝙蝠的紋圖「福增貴子」
等，都是表達吉祥、富貴之意。民間婚俗中還有，中秋給女方家中送盆栽桂
花，以祝福「早生貴子」。

桂花作為吉祥物，還有更深邃的文化內涵。在中國封建社會，從唐代開
始每年鄉試（即秋闈）大比在八月，正值桂花盛開，所以稱為「桂月」。鄉試
考中的舉人，稱為「折桂」或「登科」，合稱為「桂科」；將考場譽為「桂苑」；
稱科舉及第者為「桂客」、「桂枝郎」；考上頭名狀元，被譽為「蟾宮折桂，
獨佔鰲頭」。宋人葉夢得《避暑錄話》中曰：「世以登科為折桂。此謂郤詵對
策，自謂桂林一枝也，自唐以來用之。溫庭筠詩『猶喜故人新折枝』。其後以
月中有桂，故又謂之月桂。而月中又有蟾，故又以登科為登蟾宮。」文學名
著《紅樓夢》第九回中就寫有林黛玉聽說賈寶玉要上學了，笑道：「好！這一
去，可是要『蟾宮折桂』了！」所以，「月中折桂」、「蟾宮折桂」成為封建

社會讀書人夢寐以求的好事、吉事。

桂花貴在其香，但桂香而又不露，秀麗而又不嬌，獨佔三秋，香壓群芳。古人便以南朝劉宋時女文學家鮑令暉為桂花女神。鮑令暉為當時傑出大詩人鮑照的妹妹，雖出身貧寒，但兄妹勤學不輟，很得人們讚賞。鍾嶸曾在《詩品》中評論鮑令暉曰：「令暉歌詩，往往嶄絕清巧，擬古尤勝。」她留存於《玉臺新詠》中的一首《寄行人》寫得非常出色：「桂吐兩三枝，蘭開四五葉。是時君不歸，春風徒笑妾。」委婉含蓄，情意綿綿。清代著名思想家王船山（夫之）很欣賞此詩，贊云：「小詩本色，不嫌迫促。」並認為賈島的《尋隱者不遇》等詩篇蓋從此出，也就是說這首詩開了唐人五言絕句的先聲。

古人還認為桂花有高尚美德，品評桂花香為濃、清、久、遠俱全，清可滌塵，濃而遠至，推為上品香花，古代文人墨客多有贊詠。清人李漁《閒情偶寄》中曰：「秋花之香，莫能如桂，樹乃月中之樹，香亦天上之香也。」

中國人民對桂花有特殊感情，一直把它看作吉祥之花、友誼之花。春秋戰國時期，燕、韓兩國就曾以桂花作為珍貴禮品相贈，以表達和平、友好。在中國盛產桂的少數民族地區，青年男女還常以桂花作為愛情的吉祥信物，以表達愛慕之情，他們在互相贈桂時還唱著「一枝桂花一片心，桂花林中結終身」的山歌。

桂花在國外，也同樣得到人們的青睞。古希臘人曾用桂枝編成「桂冠」，贈給有才華的詩人為「桂冠詩人」。在漢語中「桂冠」一詞也已成為光榮稱號的同義語。

桂花不僅可供觀賞，而且還有較高的經濟實用價值。桂花是一種重要的芳香植物，可以浸酒、窖茶、制糕點，還可以提煉名貴的香精，應用於化妝

品和食品配料中。加工蒸餾而得的桂花露有疏肝理氣、健脾開胃、寬胸化痰的作用，亦可釀製成酒，桂林的「桂花酒」，西安的「黃桂酒」均以糧食加桂花製成，是桂香濃鬱、味香甜美的地方名產。還有用桂花薰制的桂花茶，用桂花製成的桂花糖、桂花糕等，深受人們的喜愛。

桂樹木質紋理細密，是雕刻的好材料，誠如詩人白居易所言：「縱非棟樑材，猶勝尋常木。」桂皮可以提取染料、鞣料。桂花還可入藥，有化痰、散瘀之效。桂花子有暖胃、平肝、益腎、散寒之效。桂根可治筋骨疼痛、風濕麻木、腎虛牙痛等作用。真可謂桂全身都是寶。

桂樹的繁殖可用扦插、壓枝和嫁接。扦插時選用健壯的新枝，於 4 至 6月梅雨季節扦插，要注意遮陰保濕。壓枝繁殖先選欲壓枝條，自基部橫切一半，用塑膠袋填土包紮緊，此法較簡單。嫁接選用女貞或柴桂作砧木，進行嫁接。桂管理簡單，性喜陽光，喜濕潤排水良好的環境，耐肥。移植時多留鬚根，帶土移栽成活率高。

只有芙蓉獨自芳
——趣話木芙蓉花

水邊無數木芙蓉，露染胭脂色未濃。

正似美人初醉著，強抬青鏡欲妝慵。

霜降時節，西風驟起，眾芳搖落，唯有木芙蓉凌寒拒霜，醉舞秋風。難

怪北宋文學家王安石面對這拒霜而放，像是抹上了淡淡的胭脂，似初醉的俏麗美人的木芙蓉而寫下這首《木芙蓉》詩贊之。

木芙蓉又名木蓮、華木、拒霜花、山芙蓉等，係錦葵科木槿屬落葉灌木或小喬木，一般 2 至 5 公尺高，花開於深秋季節，原產中國四川、雲南、湖南、江西、廣東等省，以四川種植為最。早在五代後蜀時，蜀主孟昶在成都城上遍種芙蓉花。每到深秋，芙蓉盛開，玉蕊凝霜，如錦似繡，因而，成都又名錦城、錦官城、芙蓉城，現在仍簡稱「蓉城」或「蓉」。《成都記》載有：「城上遍種芙蓉，每至秋，四十里如錦繡，高下相照，因名錦城。」

木芙蓉猶能「素抱拒霜質，聊自舞秋風」。它在霜降時節花開更盛，可堪與菊花稱晚節。秋菊萎謝後，它比秋菊更勝一籌，無怪乎古人把木芙蓉稱為「冷豔」和「拒霜」。北宋大詩人蘇軾有《和陳述古拒霜花》詩贊曰：「千株掃作一番黃，只有芙蓉獨自芳。」

「芙蓉長在秋江上。」芙蓉性本喜水，宜植江邊、河岸、池畔。在浙江甌江兩岸，遍植有芙蓉，每到秋天，波光花影，花染江水，似霞若彩，更是嫵媚醉人，所以甌江美稱為「芙蓉江」。湖南也多芙蓉。因湖南江河頗多，水源充沛，芙蓉喜水，水濱江岸都宜栽植木芙蓉。毛主席《答友人》七律詩結句「芙蓉國裏盡朝暉」，就是把湖南稱為芙蓉國，毛澤東所說的芙蓉也正是指這種木芙蓉。

「曉妝如玉暮如霞」，木芙蓉花色多變，媚態宜人。如著名的三醉芙蓉，一日三變花色，朝色如玉，午轉桃紅，晚變深紅，真是豔麗嫵媚；另如弄色芙蓉，又稱添色拒霜花和文官花，會逐日變色，花開第一天為白色，第二天為淺紅，第三天為鵝黃色，第四天為深紅，花落時為紫褐色，真乃神奇罕

見。據《廣群芳譜》載：芙蓉花色品種也是五彩繽紛，還有大紅千瓣、白千瓣、半紅半桃紅千瓣和黃色等幾種，其中大紅千瓣花朵最大，花色最豔，瓣中多蕊，很像牡丹，所以古人發出「若遇春時占春榜，牡丹未必作花魁」的讚歎。意思是說木芙蓉如果在明媚的春光裏開放的話，牡丹就難稱花王了。此外，還有一種「玉蕊坏蒸粟，金房落晚霞」的黃色芙蓉花，更為名貴難得。

這裏值得一提的是，名稱叫「芙蓉」的有兩種：一種是木芙蓉；一種是水芙蓉（或稱草芙蓉），即荷花、蓮花。據宋人葉夢得《石林燕語》載：「故知芙蓉有兩種。出於水者，謂之草芙蓉；出於陸者，謂之木芙蓉。樂天（白居易）詩曰『水蓮花盡木蓮開』謂此。」葉夢得所說的草芙蓉、水蓮，即指蓮花，因蓮花的別名也稱芙蓉和水芙蓉。水芙蓉和木芙蓉絕非一物，不過是一名兩物罷了。

木芙蓉不僅是一種著名的綠化觀賞花木，而且還具有很高的實用價值。據古人言：「種木芙蓉有三利：其一皮可製麻，乾為薪料；其二山麓堤旁栽之，可以固基，使砂礫不得直衝沖溪間，河床即無慮淤塞；其三庭院中栽植，為時令之名花，怡情悅目，破我寂寥。昔人稱之為冷豔，洵不謬也。」《花鏡》亦云：「（芙蓉）其皮可漚麻作線，織為網衣，暑月衣之最涼，且無汗氣。」據《天工開物》載：「四川薛濤箋，亦芙蓉皮為料煮糜，入芙蓉花料所製成。」此外，芙蓉還是一種很好的中藥材，據明李時珍《本草綱目》載：木芙蓉的花和葉都有清肺涼血，散熱解毒，治一切大小痛疽、腫毒惡瘡，具有消腫、排膿、止痛之功效，一般只用於外敷。四川民間就用木芙蓉新鮮的花、葉搗爛，敷患處，有消炎、解毒、止痛的作用，特別有效。

相傳，芙蓉花還可以作染料。據《成都記》載：蜀主孟昶就曾用芙蓉花

染繒為帳，名為「芙蓉帳」。據說芙蓉花還可食用，早在宋朝的時候，人們就用它煮豆腐，紅白相襯，有色有香，取名為「雪霽羹」。另傳說，水獺特怕木芙蓉，因其葉可爛水獺皮毛，如果在池塘邊種些木芙蓉，水獺就不敢來偷魚吃了。

芙蓉不僅花色豔麗、嫵媚動人，而且還具有一定的實用價值，所以一直受到人們的推崇和讚賞。在民間還流傳著一個十分美妙動人的故事。

傳說，在很久以前，成都有一位善良美麗的芙蓉姑娘，每天都到綿江邊洗菜淘米。每當芙蓉姑娘到江邊洗菜淘米時，就會有一條大鯉魚遊來，芙蓉姑娘就用一些菜葉和米餵它。天長日久，鯉魚和芙蓉姑娘建立了深厚情誼。

一天，芙蓉姑娘去江邊洗菜淘米，鯉魚又游到姑娘旁邊說起話來，悄悄告訴芙蓉姑娘說：「江中黑龍在今年五月五日要發洪水降災於成都，你要提早預防，千萬不要告訴別人，免遭災禍。」善良的芙蓉姑娘聽說後，想哪能只管自己，就把此事告訴了鄉鄰。五月五日這天，果然烏雲翻滾，大雨傾盆，洪水氾濫。由於鄉鄰們得知這個消息後，都提前轉

一路榮華移到了安全的地方，沒有遭災，由此惹怒了黑龍。黑龍見了芙蓉姑娘，張開血盆大口撲上來。芙蓉姑娘也早有準備，揮劍迎去，不知戰了多少回合。芙蓉姑娘體力漸漸有些不支。此時江邊金雞山上一位青年見此情景，抽劍來助芙蓉姑娘，力戰黑龍。在這位青年的幫助下，黑龍被殺。

芙蓉姑娘也因奮戰受傷流血過多而犧牲。姑娘的鮮血灑滿江邊，染紅了江邊花朵。人們為了紀念這位善良、勇敢的姑娘，便把江邊開的這些花叫做芙蓉花，把成都叫芙蓉城。

木芙蓉耐寒不凋，拒霜綻放，花紅豔麗，芳姿嫵媚，臨水清漪，爛漫如

春，受到人們的推崇和喜愛，更重要的是它還是祥瑞花，因「芙」與「福」諧音，「蓉」與「榮」諧音，故多被民間用作富貴榮華、欣欣向榮之象徵，古時木刻、建築、刺繡的吉祥圖案多用此花。如「榮華富貴」圖即是由芙蓉花與牡丹構成；「一路榮華」是由芙蓉花與鷺鷥構成；「富貴榮華到白頭」是由芙蓉配牡丹和白頭翁。

此花開後更無花
——趣話菊花

九月重陽，天清氣爽，秋菊盈園，千姿百態，競相媲美。你看那菊花黃若金絲，紫猶寶石，紅如丹珠，白似素玉，黑似墨染，五彩繽紛，馨香沁脾。

菊花原產中國，歷史悠久，在中國已有3000多年的栽培歷史，早在春秋時的《爾雅》中就有菊的記載。《山海經》中亦記有：「女兒之山，其草多菊。」《禮記·月令》中記有：「季秋之月，鞠有黃華。」「鞠」為「菊」的古體字，按古字意，鞠，窮也，指花事至此，而窮盡也。戰國時期的偉大愛國詩人屈原在《離騷》中吟道：「朝飲木蘭之墜露兮，夕餐秋菊之落英。」東晉詩人陶淵明更是愛菊成癖，他「採菊東籬下，悠然見南山」。一下子提升了菊花的名聲，使菊花聲譽影響更大。

菊花為中國十大名花第三名，原產於黃河流域，漢代才廣泛移植。唐代以前，菊花皆稱「黃花」，唐以降品種漸多，宋代劉蒙泉的《菊譜》記有26

個品種，南宋范成大的《范村菊譜》記有 36 個品種，沈鏡的《菊名譜》記有 58 個品種，史鑄的《百菊集譜》已記有 160 個品種，元代楊維禎的《黃華傳》記有 163 個品種，明代王象晉的《群芳譜》已記有 274 個品種，清代陸廷燦《藝菊志》、計楠的《菊說》都是菊花專著，記有 300 多個品種。後經花農精心培養，菊花品種更是層出不窮，現在已有 3000 多個品種，可謂品種繁多，琳琅滿目，是花卉中的大家族。

菊當以花朵豐滿肥大，花色豔麗多彩，花姿優美多變，葉型舒展有致為傳統的佳品。其中有傲骨錚錚、單花怒放的「獨本菊」，落落大方、神韻奇清的「三本菊」，花團錦簇、富麗堂皇的「大立菊」，還有那如飛泉直下、銀河落地的「懸崖菊」，若飛若舞、龍飛鳳舞的「龍鳳菊」等，最為引人悅目。

僅從菊花這些富有詩情畫意的雅號，就會令人為之動情動容，如「春江月色」、「貴妃醉酒」、「秋水芙蓉」、「夕照松蔭」、「丹爐吐豔」、「錦心繡口」、「碧蕊玲瓏」、「金盞銀臺」、「十丈珠簾」、「醉楊妃」、「羽衣舞」、「佛見笑」、「雙飛燕」、「朝天紫」等。

菊花別稱也頗多，又名日精、節花、延年、帝女花、女莖、傅公、周盈、朱贏、更生等。菊為多年生草本植物，莖直立，一般高 60 至 150 公分，葉柔絨翠，9 至 11 月開花。其花色豔麗，姿態各異。就其花瓣來看，又有平瓣、管瓣、匙瓣。《本草綱目》云：「菊一名女節，一名女莖，一名金莖，蘇頌曰：白菊，穎人呼為回峰菊，汝南名荼苦蒿，上黨及建安郡、順政郡，並名羊歡草，河內名地薇蒿。」還曰：「菊有兩種：一種紫莖，黃色，氣香味甘，為真菊；一種青莖而大，作蒿艾氣，味苦者，名苦薏，非真菊也。葉正相似，以甘苦別之。又有白菊，莖葉都相似，唯花白，五月取之。吳瑞云：

花大而香者為甘菊，花小而黃者為黃菊，花小而氣惡者為野菊。」

中國為菊花的故鄉，可誰是育菊第一人呢？據南北朝《續漢書・郡國志》注引的《荊州記》中云：「南陽酈縣北八里有菊水，其源旁悉芳菊，水極甘馨。谷中有三十家，不復穿井，即飲此水，上壽百二十三十，中壽百餘，七十者猶以為夭。漢司空王暢，太傅袁隗嘗為南陽縣令，縣月送三十餘石，飲食澡浴悉用之。太尉胡廣久患風贏。恒汲飲此水，疾遂愈。此菊莖短苞大，食之甘美，異於餘菊。廣又收其實，種之京師，遂處處傳種之。」從記載來看，傳育菊花者為漢代太尉胡廣，是他把野生菊花引種京師（今河南洛陽）種植，然後再廣傳各地。

農曆九月正是菊花盛開時節，故而九月又稱「菊月」。菊花因此與九九重陽節密不可分，所以，重陽節又稱菊節、菊花節。在人們的心目中，可以說是無菊非重陽，重陽不無菊。難怪唐詩人王勃《九日》詩云：「九日重陽節，門門有菊花。」

菊花是中國傳統十大名花，菊又為梅、蘭、竹、菊「四君子」之一，春蘭、秋菊並稱，向來被視為花中神品、吉物。

重九菊花節與菊花有關的節俗活動很多，主要有賞菊、簪菊、飲菊花酒、食菊糕等，且代代傳承，歷久不衰，已形成一種菊文化現象。賞菊是重陽節重要活動之一。早在魏晉時，魏文帝曹丕的《九日與鍾繇書》所云：「九月九日，草木遍枯，而菊芬然獨秀，今奉一束。」可見，魏時君王已有在重陽節時賜臣以菊花的習俗。

說到賞菊、愛菊、贊菊，人們首先會自然聯想到晉代做過彭澤縣令、不為五斗米折腰的陶淵明，還會自然聯想到陶公的《飲酒》（其五）詩：「採菊

東籬下，悠然見南山。」

　　陶淵明性情高潔，以菊為友。因為菊花天姿高潔，傲視風霜，這正與陶公的品性相契合。陶淵明生活在晉代亂世之時，不滿當時朝政腐敗，41歲時便辭官歸田隱居，寫下有名的《歸去來兮辭》，表達了他棄絕污濁官場，欣然歸乎自然的情操。

　　陶淵明自辭職歸隱田園後，兩袖清風，生活十分清貧。正值重陽佳節，陶公喜飲菊花酒，可拿出酒罈，壇內一滴酒也沒有了，再摸摸身上，分文沒有。陶淵明甚感惆悵，只好面對菊花枯坐。此時，恰見一位白衣人載酒而來，原來是江州刺史王弘派來的使者送來好酒。陶淵明喜不自禁，當時便對著菊花暢飲起來。這就是文壇上的「白衣送酒」的佳話。

　　陶淵明自歸鄉後不嫌清貧，與妻子一起在家鄉耕作之餘，在宅旁籬邊種了很多菊花，用來觀賞。每逢重陽花開之時，鄉鄰們都來他家賞菊做客。客人走時，他都要採菊相送。他曾夢想，菊花在九月九日重陽節那天一起開多好啊！故吟詩道：

　　　　　菊花知我心，九月九日開。
　　　　　客人知我意，重陽一同來。

　　菊花有情又有意，不負陶公一片心。此後，菊花果真在每年的九月九日那天一齊開放，四方親朋好友都在九月九日重陽節那天一齊來觀賞。大家紛紛讚譽菊花，並稱陶公栽植的滿園菊花為「重陽菊」。

　　歷代文人墨客詠菊抒懷的名篇佳作也不絕於世。唐代賞菊之風最盛，詩

人雅士詠菊之作亦最多。詩人王維有《奉和聖製重陽節宰臣及群官上壽應制》詩云：「無窮菊花節，長奉柏梁篇。」更有名的是孟浩然《過故人莊》詩：「待到重陽日，還來就菊花。」鄭谷有一首別具風韻的《菊》詩云：「王孫莫把比蓬蒿，九日枝枝近鬢毛。」

中唐詩人元稹的《菊花》詩則別有新意，不落窠臼，詩云：「不是花中偏愛菊，此花開盡更無花。」元稹的好友白居易讀此詩後，即寫《禁中九日對菊花酒憶元九》詩云：「相思只傍花邊立，盡日吟君菊花詩。」

菊花傲霜鬥雪，鐵骨錚錚，不僅引起歷代騷人墨客的吟詩作賦讚賞，更有不少志士托菊言志，抒發自己的抱負和情懷。明代名儒陸平泉為人正直，初入史館時，宰相嚴嵩來了，眾人爭先恐後地去獻媚，甚至擠倒了室內的盆菊。陸平泉卻嗤之以鼻，退讓一旁，冷冷地說：「諸君請從容一些，不要擠壞了陶淵明（指菊花）。」一語雙關，借菊花表明了其品格和風骨。

相傳唐末農民起義軍領袖黃巢很小時就寫出《詠菊花》「堪與百花總為首，自然天賜赭黃衣」的詩句，語驚四座。後來他成為農民起義軍的領導後，所寫的《菊花》詩，更是一脫隱士之風逸，充溢著壯士之豪情。詩云：

> 待到秋來九月八，我花開後百花殺。
> 衝天香陣透長安，滿城盡帶黃金甲。

該詩中黃巢以石破天驚的非凡氣勢，奇思妙想的象徵手法，一掃菊花孤高隱逸、傲視霜雪的傳統形象，表現了農民起義軍的粗獷豪邁、奪取勝利的壯美和嚮往。

明太祖朱元璋崇尚黃巢這首詩的豪氣衝天，也仿作一首《菊花》詩：

百花發時我不發，我若發時都嚇殺。
要與西風戰一場，遍身穿就黃金甲。

真是不同的人，不同的品格，詩也迥然不同。朱元璋這首詩顯出的不是豪氣，而是霸氣。後來，晚清詩人丘逢甲就此事寫有《題菊花詩卷五首》，其第二首詩云：

誰吟金甲戰秋風，黃敗朱成事不同。
倘有閒情來弔古，合編花史記英雄。

說起菊花不能不提到宋代女詞人李清照。李清照非常喜歡菊花，常常以菊花自喻。元代伊世珍的《琅環記》就記有李清照的一則逸聞。

有一年重陽節到了，這天理應親人團聚，可是丈夫趙明誠卻遠在異鄉，很是思念。李清照夜裏一個人玉枕孤眠，紗帳冷清，到了半夜更感淒涼。無奈之下，她只有寫下《醉花陰》詞，以花喻人，來寄託對丈夫的思念，抒發自己的孤苦情懷。詞云：

薄霧濃雲愁永晝，瑞腦消金獸。佳節又重陽，玉枕紗櫥，半夜涼初透。
東籬把酒黃昏後，有暗香盈袖。莫道不銷魂，簾卷西風，人比黃花瘦。

　　趙明誠收到賢妻李清照的詞後，很是感動和讚賞，深感自己趕不上妻子的文學才華。但他又不甘心，想超過妻子，便閉門謝客，用三天三夜寫出 50 首詞。他試想檢驗一下自己的水準，故意把李清照的這首《醉花陰》詞也抄下來，夾雜在他寫的詞中，送給文友品鑒哪一首詞寫得好。好友陸文夫讀後，說：「只有《醉花陰》最佳，特別是『莫道不銷魂，簾卷西風，人比黃花瘦』可稱絕妙。」趙明誠不得不歎服。此事被文壇傳為佳話，故後稱李清照為菊花女神。

　　古人不僅贊詠菊花，寄託情志，而且到了宋代已形成賞菊之風俗。宋吳自牧《夢粱錄》記有每年重九「禁中與貴家皆此日賞菊，士庶之家，亦市一二株玩焉」。此時，菊花品種已達七八十種，「擇其憂者言之，白黃色蕊若蓮房者，名曰『萬齡菊』；粉紅色者名曰『桃花菊』；白而擅心者名曰『木香菊』；純白且大者名曰『喜容菊』；黃色而圓者名曰『金鈴菊』；白而大心黃者名曰『金盞銀臺菊』。」真可謂百花競放，爭豔奪彩。

　　元、明、清賞菊之風不衰，並賞出花樣來。清代燕京（今北京）重陽節還立有「九花山子」供人們觀賞。「九花山子」即以各色菊花數百盆堆成山形，並結綴出吉祥的字樣來。此俗沿至今日，每逢重陽節，很多大城市結合各類活動均舉辦菊花展，人們賞菊、攝菊、畫菊，更為菊花增加了新的文化內涵。

　　重陽佳節，賞菊之外，還有簪菊、飲菊花酒之風俗。唐時已有簪菊之風，詩人杜牧的《九日齊山登高》詩即有「塵世難逢開口笑，菊花須插滿頭歸」的詩句。宋代以降，簪菊之風一直未輟。

　　簪菊多為女性所為，飲菊花酒則為男性之喜好，特別是成為文人雅士不

可缺少的一種雅趣。重陽節飲菊花酒的習俗早在漢代以前已有，西漢劉歆
《西京雜記》載：「菊花舒時並採莖葉，雜黍米釀之，至來年九月九日始熟就
飲焉，故謂之菊花酒。」南朝梁宗懍《荊楚歲時記》也講到飲菊花酒。到唐
宋時，重陽飲菊花酒已盛行，唐詩人李頎《九月九日劉十八東堂集》詩云：

> 風俗尚九日，此情安可忘。
> 菊花辟惡酒，湯餅茱萸香。

　　菊花酒不僅是重陽節一種節令飲品，傳說更可以避惡強身，延年益壽，
詩人飲之可助雅興，因此，歷代詩詞中多有詠之。

　　唐詩人盧照鄰有《九月九日登玄武山》詩云：「他鄉共酌金花酒，萬里
同悲鴻雁天。」宋代詩人劉筠《和燕勉道九日》詩：「薦君玄鶴千年壽，泛我
黃金萬點花。」清代詞人顧貞觀《醉花陰·重九》詞云：「知道明年還健否，
且醉黃花酒。」這些詩人，無論悲歡喜憂，重陽節均有飲菊花酒和詠菊花詩
之雅興。

　　菊花作為吉祥物，確可延年益壽，強身明目，故又美稱菊花為壽客、長
壽花。古人早就以菊花為食，屈原在《離騷》中云：「朝飲木蘭之墜露兮，夕
餐秋菊之落英。」

　　菊花既可食用，又可藥用。明李時珍《本草綱目》云：「菊，春生夏茂，
秋花冬實，備受四氣，飽經霜雪，葉格不落，花槁不零，味兼甘苦，性稟平
和。」

　　菊花作為藥用，當屬杭菊、貢菊、亳菊、滁菊最為著名。杭菊主產於浙

江的嘉興地區，分白菊（桐鄉）、黃菊（海寧），氣香微甜，常用作泡茶，故又稱茶菊或甘菊；貢菊主產於安徽歙縣，花白蒂綠，又稱「綠蒂菊」，香味醇正，是封建帝王專用貢品；亳菊主產於安徽亳州、渦陽等地，花朵較大，香味清淡，是地道的藥材；滁菊主產於安徽的滁州市，主要特點是用水泡後，宛若剛剛盛開的菊花，清香淡雅，為菊中珍品。

菊花藥用由來已久，《神農本草經》已將其列為上品，認為「久服利氣血，輕身耐老延年」。菊花自古還用來補虛抗老，對眩暈等老年性疾病有效，對高血壓等心血管疾病有一定調節作用。菊花的根、莖、葉還可入藥，有明目平肝、清頭風、利血脈、安腸胃之功效。

用菊花浸酒藥用價值更高，還可延年益壽。南朝梁宗懍《荊楚歲時記》有：「九月九日……飲菊花酒，令人長壽。」《太清諸草木方》亦載：「九月九日，採菊花與茯苓、松脂久服，令人不老。」菊花還可做菜，著名的菜肴有菊花肉、菊花魚球、蒸菊花等。

此外，用菊花還可做枕頭，有清頭風、明目、祛邪穢之功。據《澄懷錄》載：「秋採甘菊，貯以布囊，作枕用，能清頭目，去邪穢。」詩人陸游就常用菊花枕，並在《老態》詩中寫道：「頭風便菊枕，足痺倚藜床。」正如李時珍在《本草綱目》中所言：「（菊花）苗可蔬，葉可啜，花可餌，根實可藥，囊之可枕，釀之可飲。」可見，菊之用途極廣。明《遵生八箋》云：「菊花苗，用甘菊新長嫩頭叢生葉，摘來洗淨細切，入鹽，同米煮粥，食之清目寧心。」

菊花不僅可供藥用保健、膳食，還能吸收二氧化碳、二氧化硫、氟化氫、乙烯等有害氣體，淨化空氣，保護環境。菊花秉性頑強，不畏風霜，喜

陽光，喜濕暖，惡水澇，忌連作，每年取其嫩枝扡插，可葆其蓬勃生機。故有諺語云：「三載四掐頭，五天水長流，七八廣施肥，菊花像繡球。」所以，幾千年來菊花成為人們心目中喜愛的吉祥花。民間傳統吉祥圖案還把菊與枸杞繪於一起叫「杞菊延年」，寓意益壽延年，被廣泛應用。

中國的菊花在唐宋時經朝鮮已傳到日本，17世紀傳到歐洲，現已遍佈全世界，成為世界馳名的觀賞花。菊花還是北京、開封的市花，早在北宋，作為都城的汴京已有植菊、賞菊的習俗。每年重陽節皇家貴族搭菊花山、菊花臺，掛菊花燈，開菊花會。酒店都用菊花縛成牌樓，比看哪家的菊花牌樓壯觀好看，一時成為菊花世界，蔚為大觀。

當時開封菊花品種已很多，有黃色而圓的金鈴菊，有純白而花大的喜客菊，有黃白蕊如蓮房的萬齡菊，有花白檀心的木香菊，有粉紅嬌容的桃花菊等，從農曆八月一直開到十月。從1983年開始，開封每年都要辦菊會、菊展。菊展期間，遊人如織，各種菊花雲蒸霞蔚，蔚為大觀，讓人目不暇接。特別是每年菊展的菊藝造型更是引人入勝。這些菊藝造型有「吹臺秋雨」、「淵明賞菊」、「汴京秋聲」、「高山飛瀑」、「嫦娥奔月」、「孔雀開屏」等，讓人流連忘返。

菊花自古就是清雅、高潔、尊貴、莊嚴的象徵，代表我們的民族精神，在中國文化中是最富深刻寓意的花卉。

水沉為骨玉為肌
——趣話水仙花

新春佳節，室外寒風凜冽，萬木蕭疏。然而，室內窗前案頭，陶盆中的水仙，正含苞吐蕊，幾支莖上綻放出黃白色的六出小花，在青翠欲滴的長葉映襯下，是那麼冰清玉潔，清秀俊逸，瑩潤清悠，飄逸高雅，好似天仙下凡，亭亭玉立，盈盈出水，讓人頓生一種超逸脫俗、生機盎然之感。更給春節平添了幾多樂趣，幾多喜慶，幾多吉祥。

水仙屬石蒜科多年生草本花卉，又名天蔥、年花、雅蒜等。花有單瓣和重瓣之分，單瓣花又稱金盞銀臺，香氣較濃；重瓣者稱玉玲瓏，雅致動人。它喜歡溫暖濕潤的氣候，得水而長，若凌波少女，翩翩欲仙，故又美稱為「凌波仙子」。中國東南沿海地區栽培較多，尤以漳州、崇明、舟山的水仙為佳。水仙因喜水而得名，《花鏡》云：「（水仙）因其性喜水，故名水仙。」明人王世懋《學圃雜疏》亦云：「其物得水則不枯，故曰水仙，稱其名矣。」

水仙高雅清逸，秀麗動人，冰肌玉質，芬芳脫俗，曾獲很多高雅的美稱。因其鱗莖、葉很像大蒜，清秀高雅，所以稱為「雅蒜」。因它又像春蘭一樣典雅秀麗，故又稱其為「麗蘭」。因其莖幹似蔥，又謂之「天蔥」。

水仙古又稱捺祗，原產於拂林國（即古羅馬帝國，今意大利）。那時該國曾五次遣使訪大唐，隨使帶來水仙。由此算來水仙在中國也有 1200 多年的栽植歷史了。唐代段成式《酉陽雜俎》就有記載：「捺祗出拂林國，根大如雞卵，葉長三四尺，似蒜，中心抽條，莖端開花六出，紅白色，花心黃赤，不結籽，冬生夏死。取花壓油，塗身去風氣。」

水仙花又稱女史花、姚女花，其名來自古代一個優美的傳說。據《內觀日疏》載：一位姓姚的婦人，在一個寒冷的冬夜，夢見觀星墜於地上，化為水仙花一叢，香美異常。婦人摘食之，醒來就生下一個美麗的女兒，聰敏過人，能工詩文，所以人們又稱水仙花為「姚女花」。因為觀星即女史星，水仙又叫「女史花」。

相傳水仙為僊人所化，高潔脫俗，更增加水仙神秘、吉祥的寓意。唐薛用弱《集異記》載：古時有一個叫薛榕的河東人，幼小時趴在窗子上看見庭院裏有一位年輕的女子，身上穿著素潔的衣裙，腳上穿著綴有珠子的鞋子，獨自在那裏徘徊，歎息說：「我的良人在外遊學，難於見面，對此風景，能不悵然？」她接著從袖子中取出一捲畫，上面畫有蘭花。她對著這幅畫一會兒笑，一會兒哭，一會兒吟誦著詩句。突然，傳來有人說話的聲音，她便隱於水仙花中消失了。

群仙拱壽過了一會兒，從這叢蘭花中又走出一男子，吟歌道：「娘子久離，必應相念。阻於跬步，不啻萬里。」歌罷，也入蘭花中。薛榕苦心強記，久而久之，他的文章寫得異常之好，一時傳為美談。後來人們又稱水仙花為「夫婦花」。可見水仙非一般花，是由僊人所化。

由於水仙之「仙」與神仙、仙境之「仙」同音同形，沾有仙氣，人們認為吉利，所以後來常用來祝吉、賀喜。在吉祥圖案中有數株水仙和壽石紋圖稱為「群仙拱壽」；水仙和花瓶組成表示仙壺，仙壺即蓬壺、瀛壺，為僊人所居之處，當然表示吉祥了。這些僊人與水仙的傳說故事，更賦予水仙以神奇的吉祥文化內涵。

古往今來，人們素把水仙作為吉祥、美好、純潔、高雅的象徵。水仙也

因它那金杯玉盞的花朵，亭亭玉立的花莖，翠綠如帶的碧葉，潔白如玉的鱗莖，醇香迷人的芬芳，超塵脫俗的個性，贏得人們的喜愛和讚美，博得文人雅士的贊詠。宋黃庭堅有《次韻中玉水仙花二首》詩云：「借水開花自一奇，水沉為骨玉為肌。」

宋代詩人劉邦直也有一首《詠水仙花》詩云：「得水仙能天與奇，寒香寂寞動冰肌。仙風道骨今誰有，淡掃蛾眉簪一枝。」

還有明代詩人、書畫家徐渭（即徐文長，號青藤道人）的《水仙六首》詩，其一云：「素蕊渾疑白玉珥，檀心又似紫金環。」

在古代寫水仙詩中，常把水仙比做凌波仙子。如宋詩人范成大有詩句：「花前獨有詩情在，還作凌波步月看。」宋代詩人黃庭堅有詩句：「凌波仙子生塵襪，水上輕盈步微月。」

詩中所寫的凌波仙子，到底是指哪位水上女神呢？詩壇中曾引起紛紜論爭，有說是洛水女神宓妃，也有說是湘水女神湘君。相傳宓妃是伏羲的女兒，湘君是帝堯的女兒，她們都是上古時期的神話人物，又都溺水而死，成為水上女神。雖所指不統一，這可能是地域傳說不一，但都是把水仙比做美麗的女神來讚美。二者都為水仙增添了吉祥蘊意。

水仙為吉祥之花、喜慶之花，又恰值新春佳節開花，花姿素雅，冰清玉潔，清香宜人，因此人們都把它作為年花，至今廣東、海南、福建春節仍有盆栽水仙迎春習俗。春節闔家團圓，共用年夜飯時，純潔高雅的水仙悄然開放，給大家帶來明麗的春光和好心情。因此，春節家中養一盆水仙，有祈福納祥之意，並給人們帶來快樂。另外在春節一些年畫和吉祥圖案中，舉凡與仙有關的紋圖都喜繪水仙，如繪綬帶鳥、壽山石和水仙的紋圖為「代代壽

仙」，繪天竹、水仙、壽石、靈芝的紋圖為「天仙壽芝」，繪花瓶中有松枝、
靈芝、梅花、水仙的紋圖為「仙壺集慶」等等。這些均用來祈吉納祥、祈福
祝壽。

萬年青翠果濃紅
——趣話萬年青

新春佳節，房內、案頭放一盆萬年青，碧綠的寬葉，捧著一疊鮮豔、渾
圓若珍珠的殷紅果實，豔麗奪目，素雅可觀，立即會給人以喜慶、歡樂、吉
祥、幸福之感。《花鏡》即云：「吳中人家多種之，造屋易居，行聘治壙，小
兒初生，一切喜事，無不用之，以為祥瑞口號。至於結姻禮聘，雖不取生
者，亦必剪造綾絹，肖其形以代之。」何止吳地（江浙一帶）人多種之，因
其含有吉祥寓意，很多地方，就連華北也廣泛種之。人們所辦一些慶典、喜
事，都喜用此來裝點、美化，給人們帶來濃濃的喜慶、歡樂的氣氛。萬年青
美好、吉祥的形象已深深地刻在人們心中，廣泛地植根於中華民族文化之
中。

萬年青，又名九節連、鐵扁擔、冬不凋草、軟蛇劍等，為百合科萬年青
屬，多年生常綠草本植物。其根狀莖粗短，葉片肥厚，呈劍形，自根上莖叢
生，色深綠，經冬不凋。夏季從葉叢中抽出花莖，花叢生於頂端，為穗狀花
序，密集有數十朵小花。秋季結圓球形漿果，先青後變紅，內含有一粒種
子。《花經》中介紹得較詳細：「萬年青一名千年　　，吳俗弗論大戶小家，十

九多喜栽植於庭園之間，謂可召寓吉象。綠葉青秀，終年湛然，結子殷紅，經冬不凋，故有是名。」還曰：「萬年青亦生自暖地山中，形多矮小。莖生土中（無地上莖），葉厚而大，叢生其上。葉色深綠，長一尺有餘，作披針形。春末自葉叢中央抽出花軸，高約三四寸，簇生細花，白色帶綠。化後結小實，初綠後紅，亦有黃色者。其形不一，有渾圓、尖圓、棱角諸形，隨種而異。以故葉色亦無一定，有全綠、鑲邊、小小斑條等，變化頗多。」

　　萬年青為中國傳統觀賞植物，碧葉翠綠，紅果累累，觀賞價值極高，寓意吉祥如意。因此人們多喜栽種，寓意生機勃勃、萬年常青。搬家蓋房用萬年青表示萬事順遂、如意。娶媳嫁女用此祈願生活幸福美滿，生子壽誕用以祝福老少健康長壽。萬年青還常用于吉祥圖案中，如盆中植萬年青和靈芝的圖案為「萬事如意」，兩個百合根（或葫蘆）及萬年青的圖案為「和合萬年」，萬年青和天竺組合的圖案為「天子萬年」等。

　　萬年青作為吉祥物，更主要的是它全草均可入藥，四季可採。其根、莖、葉和種子都含有強心苷甲、乙、丙、丁。藥理實驗有強心、擴張血管以及興奮平滑肌的作用，有補腎、活血之功效，可治療腎虛腰痛、跌打損傷，且還有利尿、清熱解毒等作用。

　　萬年青其栽培也較容易，它喜陰怕濕，因常搬動，多用盆栽，種子繁殖和分根栽植均可。《花經》上曰：「萬年青性喜陰，滬地多盆栽。土宜砂性，春分可分栽之。灌水不需過勤，常帶幹性，緊為適合。置所宜於陰燥而不受雨淋之處，且當開花之時，更切勿為雨所打。否則子未易結，人罔知其故，猶以為天氣所致也。施肥不必可多，如施以犬糞，子多豐滿而有光澤，色彩更為鮮豔云。」

　　萬年青管理也較簡單，花農有諺曰：「四月八，萬年青削髮。」《花鏡》亦曰：「（農曆）四月十四……當刪剪舊葉，擲之通衢，令人踐踏，則新葉發生必盛。」相傳農曆四月八日是「浴佛節」，農曆四月十四是「神仙生日」。其實，萬年青的生長根本與佛和神仙無關，只是人們有意附會罷了。至於把舊葉擲於路上讓人踐踏可使新葉茂盛，這也沒有科學道理。其「削髮」、「刪葉」是為了除舊更新，更好地促使新葉生長。

　　因為萬年青的名字好聽，又含吉祥之意，很多地方錯誤地把別的植物也稱為萬年青，如有人把吉祥草錯認為萬年青。吉祥草與萬年青確為同宗，均屬百合科，有很多相似之處，也碧葉紅果，但其葉比萬年青小而薄，果也小，故稱其為小葉萬年青。另外，廣東也有一種稱為萬年青的植物，葉為橢圓形，莖上有節，屬於天南星科植物，與萬年青根本不沾邊。

　　萬年青葉似翠劍，果若紅珠，甚是好看，又含吉祥寓意，招人喜愛，故有詩贊云：

　　　　　不管炎夏或寒冬，萬年青翠色尤深。
　　　　　更喜圓果熟透日，綠葉叢中一團紅。

四季常青花果紅
——趣話吉祥草

　　吉祥草，聽其名就給人以喜愛之情，若觀其物會更讓人喜愛。它葉密綠

濃，花開紫紅，結果火紅，可作盆景，四季觀賞，亦可作綠地種植，四季常青。因其生長快，很快便綠茵一片，若再開出紫色花，結出紅果，更是美不勝收。《廣群芳譜》云：「吉祥草色長青，莖柔，葉青綠色。花紫蓓，結小籽，然不易開花……亦可登盆，用以伴孤石靈芝，清雅之甚，堪作書窗佳玩。一雲花開則家有喜慶事，人以其名佳，多喜種植。」《花鏡》亦云：「花不易開，開則主喜。」難怪人們喜愛它，難怪它有這麼好聽的名字，原來它會給人們帶來喜慶、帶來吉祥。

吉祥草屬百合科多年生常綠草本植物，又名玉帶草、觀音草、松壽蘭、竹葉青、瑞草、小葉萬年青等。其莖匍匐叢生，葉纖長如蘭葉，四時蒼翠，終年不枯。冬春季從葉叢中抽出穗狀花序，花為六裂，外紫紅色，內白色或粉紅色。花後漿果為圓形，紫紅色，經冬不落，甚是好看。

吉祥草可全草入藥，性平味甘，有潤肺止咳、清熱利濕、祛風接骨之功效。可治肺結核、咳嗽咯血、慢性支氣管炎、風濕關節炎等，外用可治療跌打損傷、骨折等。

吉祥草吉祥草冬夏常青，生機盎然，是一種瑞草，深得人們喜愛，也獲得歷代詩人讚歡。宋代詩人王冕有《吉祥草》詩贊云：

> 得名良不惡，瀟灑在山房。
> 生意無休息，存心固久長。
> 風霜空自老，蜂蝶為誰忙。
> 歲晚何人問，山空暮雨荒。

　　吉祥草為瑞草，取名吉祥，民間認為它開花將有喜慶之事降臨，人們多喜栽植，以祈喜事臨門，花發如意。在傢俱、衣料、什器、建築物上繪有吉祥草與靈芝（或如意）的紋圖為「吉祥如意」；繪牡丹與吉祥草的紋圖為「富貴吉祥」；繪佛手、桃、吉祥草的紋圖為「福壽吉祥」；繪吉祥草與月季花的紋圖為「吉祥長春」等。

　　吉祥草因其名吉祥，還與佛教有密切關係。佛經傳說吉祥童子所奉祈的草即為吉祥草，又稱吉祥茅。《水經注》云：「菩薩前到貝多樹下，敷吉祥草，東向而坐。」

青盆水養石菖蒲
——趣話菖蒲

　　每逢端午佳節，中國很多地方都有在門前掛菖蒲、插艾草的習俗，而且這種習俗一直相沿至今。

　　為什麼端午節掛菖蒲、插艾草呢？因為菖蒲的葉片像一柄柄利劍，形似古代傳說的捉鬼英雄鍾馗所佩的寶劍。所以人們就以菖蒲來寄託驅妖除邪的良願。另外，在古代農曆五月俗稱「惡月」、「毒月」，五日又稱「惡日」、「毒日」。五月初五惡月惡日，這是人們最忌諱的。所以，端午節最主要的活動和內容便是驅邪避惡，因此，圍繞驅邪避惡的吉祥物和風俗也應運而生。在端午節眾多的吉祥物中，菖蒲和艾草是最主要的兩種。

　　菖蒲在中國栽培歷史非常悠久，早在春秋時的《詩經》中即有「彼澤之

陂，有蒲有荷」的記載。菖蒲一名昌陽，一名堯韭，一名蓀，一名水劍草。菖蒲是天南星科多年生草本植物，常見的有水菖蒲、石菖蒲以及石菖蒲的變種錢菖蒲。因水菖蒲葉形狀似劍，又名水劍草，生長於水邊。人們端午節掛於門前的就是水菖蒲，又叫白菖蒲、泥菖蒲。河南、山東等地稱其為臭蒲。其實它並不臭，還散發有一種香味呢。屈原《離騷》中比喻君子的香草「蓀」，指的就是水菖蒲。

對於石菖蒲和錢菖蒲，《本草綱目》中云：「生於水石之間，葉有劍脊，瘦根密節，高尺餘者，石菖蒲也。人家以沙栽之一年，至春剪洗，愈剪愈細，高四五寸，葉如韭，根如勺柄粗者，亦石菖蒲也。甚則根長二三分，葉長一寸許，謂之錢菖蒲也。」

石菖蒲只有在江南各省有栽種，古人說它是一種奇異植物。《群芳譜》云：「乃若石菖蒲之物，不假日色，不資寸土，不計春秋，愈久愈密，愈瘠則愈細，可以適情，可以養性。」還能夠「忍苦寒，安淡泊，與清泉為伍，不待泥土而生」。所以，自古以來，就受到人們的喜愛，受到醫家的重視。特別是有石上生者，緊硬節稠，一寸九節者更好。李時珍認為只有石菖蒲可入藥，餘者不堪。至於石菖蒲的變種錢菖蒲也可入藥。宋代大文學家蘇軾就很重視和欣賞石菖蒲，他在《石菖蒲贊並序》中云：「凡草木之生石者，必須微土以附其根，如石韋、石斛之類，雖不待土，然去其本處輒槁死。唯石菖蒲，並石取之，濯去泥土，漬以清水，置盆中可數十年不枯。雖不甚茂，而葉節堅瘦，根須連絡，蒼然於几案間，久而益可喜也。」他還有詩贊曰：「碧玉碗盛紅瑪瑙，青盆水養石菖蒲。」「青荑秋莢兩須臾，神藥人間果有無。無鼻何由識詹卜，有花今始信菖蒲。」可見其養菖蒲之得法，深得欣賞菖蒲之

情趣。

　　古人喜養菖蒲、食菖蒲，相傳可以長生。據《神仙傳》載：「漢武上嵩山，夜忽見有神仙長二丈，耳出頭巔，垂下至肩。禮而問之，僊人曰：『吾九嶷山之神也。聞中岳石上菖蒲一寸九節，可以服之長生，故來採耳。』忽然失神人所在。帝顧侍臣曰：『彼非復學道服食者，必中嶽之神以喻朕耳。』為之採菖蒲服之，經二年，帝覺悶不快，遂止。時從官多服，然莫能持久；唯王興聞僊人教武帝服菖蒲，乃彩服不息，遂得長生。」唐代大詩人李白作《嵩山採菖蒲者》詩以譏諷之，詩云：

神仙多古貌，雙耳下垂肩。

嵩岳逢漢武，疑是九嶷仙。

我來採菖蒲，服食可延年。

言終忽不見，滅影入雲煙。

喻帝竟莫悟，終歸茂陵田。

　　神話傳說畢竟不是科學，菖蒲也不是服之長生的靈草。但其自古就是重要的藥材，受到醫家、養生家的看重，這是實有其證的。

　　《本草綱目》云：「（菖蒲）氣溫味辛，功能解毒殺蟲。」「乃蒲類之昌盛者」故名。菖蒲的根莖能闢穢開竅，宣氣逐痰，解毒殺蟲，主治癲癇、痰厥、昏迷、風寒濕痹、噤口毒痢等。外敷治癰疽疥癬。常用於治療消化不良、腹疼腹脹、開味矯臭、意識不明、精神不振、耳鳴健忘、口眼歪斜、化膿性炎症、類風濕關節炎等。宋代詩人王十朋有《石菖蒲》詩贊道：「天上玉

衡散，結根泉石間。要鬚生九節，長為駐紅顏。」南朝梁江淹也有《菖蒲頌》
曰：「藥實靈品，爰乃輔性。除屙衛福，祛邪養正。」

　　此外菖蒲的根莖還可提煉芳香油，有提神、通竅、殺菌、活血、理氣、
散風祛濕等功用，對治療肺病、胃病、風寒等均有特效。因此，從醫學角度
來說，菖蒲被視為辟邪驅惡之吉祥物，用以殺菌防病，驅除惡氣，也是有道
理的。清代富察敦崇《燕京歲時記》曰：「端午日，用菖蒲插於門旁，以禳不
祥。」清代顧祿《清嘉錄》記曰：「截蒲為劍，割蓬作鞭，副以桃梗蒜頭，懸
於門戶，皆以卻鬼。」還有的製作成蒲人、蒲龍、蒲葫蘆等。元代陳元靚《歲
時廣記》云：「端午刻蒲劍為小人子，或葫蘆形，帶之避邪。」清人董元愷有
詠菖蒲葫蘆的《清平樂》詞：「花陰午直，旋把菖蒲刻。依樣雕鏤纖指劈，細
認靈根九節。」據《荊楚歲時記》云：「端午，以菖蒲生山澗中一寸九節者，
或縷或屑，泛酒以闢瘟氣。」可見菖蒲是生於山澗泉旁的一種名貴藥材，特
別是根莖九節者更貴重。相傳，用菖蒲靈根九節浸酒可延年益壽。宋代詩人
蘇軾《夫人閣五首》詩云：「共存菖蒲酒，君王壽萬春。」他還有詩亦云：「萬
壽菖蒲酒，千金琥珀杯。」可見，宋代宮廷中也把菖蒲酒作為驅邪避惡、延
年益壽之吉物。

　　宋代著名詩人梅堯臣端午節喜歡飲菖蒲酒，如無菖蒲酒寧肯不飲。他在
《端午日》詩中云：

　　詩人梅堯臣端午節喜飲菖蒲酒「有酒不病飲，況無菖蒲根。」當他在端
午晚上得到菖蒲時，喜不自禁地在《端午晚得菖蒲》詩中吟道：

　　　　薄暮得菖蒲，猶勝竟日無。

我焉能免俗，三揖向尊壺。

　　詩人端午晚上得到菖蒲酒後喜情難抑，甚至竟向酒壺作了三個揖，可見當時人們對菖蒲酒之喜愛和重視。

　　相傳，菖蒲酒的確名貴，選料精良，要用生於海拔 2000 公尺高山之巔的九節菖蒲，水用古舜帝在厲山腳下親自開鑿的舜王井水，再在地下缸裏發酵，密封地下數年方可飲用。歷代皇家都視菖蒲酒為稀世瓊漿，滋補玉液。古代皇帝端午節時不僅自飲菖蒲酒，而且還賜給官眷內臣。《後漢書》中就記有一個叫孟佗的人極想當官，可本人又無才。他不惜重金買了一壇菖蒲酒送給宰相張讓，張讓喜形於色，當即就封孟佗為涼州五品刺史。一壇菖蒲酒就換來一個五品官，說明當時菖蒲酒之名貴。

　　古人為什麼對菖蒲這麼重視呢？相傳，古人把菖蒲視為天降吉星之所化。《典術》云：「堯進，天降精於庭為韭，感百陰之氣為菖蒲，故曰堯韭。」《春秋運斗樞》云：「玉衡星散為菖蒲。」菖蒲為天星所生成，所以具有神異之功，故古人認為菖蒲可延年益壽。《風俗通》云：「菖蒲放花，人得食之長年。」蒲塘消夏是吉祥之兆，能給人帶來吉祥和喜事。據《後魏典略》載：魏孝文帝南巡時，在新野的潭水邊兩次見到菖蒲花，認為這是大吉，極為快樂，於是有歌唱道：「兩菖蒲，新野樂。」遂建了一座兩菖蒲寺來紀念此事。

　　另傳，菖蒲開花還是貴人降臨之兆。有《梁書》記：太祖皇后張氏，有

一天忽見庭前的菖蒲開花，「光彩照灼，非世中所有」。她驚異地問身邊的人見到沒有，並說：「聽說菖蒲開花當有貴人出世。」她取菖蒲花吞之，後來生下高祖。在古人眼裏，菖蒲確是吉祥之物，菖蒲開花更是喜慶祥瑞之事。

　　菖蒲開花本是正常現象，不足為奇。人們把其看為喜慶祥瑞之事，這是一種心理慰藉。石菖蒲開白花，花很密集，是由很多小花組成鼠尾狀的穗狀花序，自下而上，次第開放。而錢菖蒲則開黃花，比石菖蒲花小；水菖蒲的花則為黃綠色。但古書中多把菖蒲開花說得神乎其神，形色各異。《南齊書》也記有：「永元中，御刀黃文濟家齋前種菖蒲，忽生花，光彩照壁，成五彩，其兒見之，餘人不見也。」在《花史》中也記有一件事：「趙隱之母會氏，於山澗中見菖蒲花，大如車輪，旁有神人守護，戒之勿泄，享富貴。」

　　不僅民間傳菖蒲開花為吉祥之兆，詩人們也相信此說法。蘇轍最喜種菖蒲，有一次他用石盆養的菖蒲開花，異常高興，並寫〈石盆種菖蒲甚茂忽開八九花，或言此花壽祥也，遠因生日作頌亦為賦此〉七言律詩一首：

> 石盆攢石養菖蒲，沮洳沙泉韭葉鋪。
> 世說花開難值遇，天將壽考報勤劬。
> 心中本有長生藥，根底暗添無限須。
> 更爾屈蟠增瘦硬，他年老病要相扶。

　　可見，詩人對菖蒲情有獨鍾。

毒疹何須採艾穰
——趣話艾草

在廣州越秀山三元宮鮑姑殿內有兩副對聯，其中一副為：「妙手回春虯隱山房傳醫術，就地取材紅艾古井出奇方。」另一副為：「仙跡在羅浮遺履燕翱傳史話，醫名播南海越崗井艾永流芳。」這兩副對聯中都有記鮑姑用艾治病。而且在《鮑姑祠記》中也記有：「鮑姑用越崗天產之艾，以灸人身贅瘤，一灼即消除無有，歷年久而所惠多。」據《雲笈七籤》載：鮑姑是河南陳留人，名潛光，出身於仕宦家庭，自幼博覽群書，尤喜醫學，精通針灸，是中國醫學史上第一位女灸治學家。她和葛洪在廣東羅浮山煉丹行醫，治贅疣、贅瘤最得心應手。她採用越秀山腳下的紅艾製成艾絨，用火點燃在病者臉上燻灼，不久病人臉上的贅物便全部脫落。

由於鮑姑的醫德高尚，醫術高明，為百姓治好了很多病，不收分文，深受老百姓的愛戴。所以當地百姓為她修殿、塑像紀念她，並在鮑姑殿內寫出上面兩副對聯來頌揚她。也由此可見艾的醫藥價值之高。《本草綱目》中云：「（艾）灸百病，可作煎，止吐血下痢，下部䘌瘡，婦人漏血，利陰氣，生肌肉，闢風寒，使人有子。作煎勿令見風。搗汁服，止傷血，殺蛔蟲。主衄血下血、膿血痢，水煮及丸散任用。止崩血、腸痔血、搨金瘡、止腹痛、安胎。苦酒作煎，治癬甚良。搗汁飲，治心腹一切冷氣鬼氣。治帶下，止霍亂轉筋，痢後寒熱。治帶脈為病，腹脹滿，腰溶溶如坐水中。濕中逐冷除濕。」這些均說明艾作用之大。艾灸的應用廣泛，不論呼吸系統、消化系統、泌尿系統、婦科、心腦血管疾病、骨傷風濕、皮膚外科等均可用之。難怪《名醫

別錄》中稱其為「灸治百病,實不為過」。

艾在中國歷史悠久,是中國醫家、養生家認識最早,並運用於醫藥治病、養生的最早植物之一。在中國春秋時期的第一部詩歌總集《詩經》中即有:「彼採艾兮,一日不見,如三歲兮。」孟子亦云:「猶七年之病,求三年之艾也。」《名醫別錄》稱其為醫草、灸草。戰國時期的《五十二病方》中用於外治。《黃帝內經》中也有:「針之不為,灸之所宜。」敘述了艾灸之作用。東漢張仲景《傷寒論》中用艾葉配芍藥、阿膠、當歸、川芎等煎成的艾湯,治宮冷不孕及吐血不止。《蘄艾傳》、《本草綱目》中載艾葉的配方有 52 個之多。相傳艾灸還可延年益壽,唐代大醫學家孫思邈自己就常用艾葉灸足三里穴位,活了 101 歲。

艾,是菊科多年生草本植物,古時又稱冰臺、黃草等。《博物志》云:「(艾)一名冰臺,一名黃草,一名艾蒿,處處有之。」據《本草綱目》所描述:「此草多年生山原,二月宿根生苗成叢,其莖直生,白色,高四五尺,其葉四布,狀如蒿。」

中國古時在端午節或採艾插於門楣上,或作艾人、艾虎戴於髮際,以驅惡禳毒。南朝梁人宗懍《荊楚歲時記》載:「荊楚人以五月五日並踢百草,採艾以為人(形),懸門戶上,以禳毒氣。」所以,古代詩人對這種風俗也作詩多有記之。宋人王之道《南歌子・端午二首》詞云:「角簟橫龜枕,蘭房掛艾人。」

宋人還有用艾葉、枝制艾虎的習俗。宋代陳元靚《歲時廣記》載:「端午以艾為虎形,至有如黑豆大者。或剪綵為小虎,黏艾葉以戴之。王沂公《端午帖子》詩:『釵頭艾虎避群邪,曉駕祥雲七寶車。』」不管插艾,還是

作艾人、艾虎，其意都是在驅邪逐疫。

古人端午採艾、掛艾，制艾人、艾虎的驅毒避瘟之說，絕非出於盲目迷信。因為端午節時，正值初夏，多雨潮濕，毒蟲滋生，人最容易生病，懸掛艾和菖蒲於門前，確實可以避毒蟲、消病毒、除惡氣。

艾是中國的傳統草藥之一，確有一定的藥用價值。《本草綱目》云：「艾葉氣芳香，能通九竅，灸疾病。」

艾不僅可以服用，還可用於針灸熱炙，又稱「炙草」。關於以艾治病的神奇傳聞頗多，宋代陸游《老學庵筆記》中就記有：楚國夫人病累月，醫藥莫效。一日，有老道人，狀貌甚古，探囊中出少艾，取以甑灸之。祖母方臥，忽覺腹痛，甚如火灼。道人徑去，疾馳不可及，祖母病遂愈。可見用艾治病的神奇療效。據現代中醫藥科學研究認為，艾性溫，味苦，其葉內服有和營血、暖子宮、祛寒溫的功能。艾葉還可製作艾葉油，有平喘、鎮咳、祛疾及消炎的作用。以艾莖和艾葉製成中藥消毒，除驅蟲殺菌之外，點燃後還散發宜人的清香，對人體健康有好處。

此外，艾葉還可入食，清明時節，用嫩艾葉和糯米做青團和艾餅，清香助消化。遼金時代，北方還用艾葉製作一種應節食品艾糕，皇帝在端午節時賜艾糕給大臣。據《遼史》載：「五月重五日……君臣宴樂，渤海膳夫進艾糕。」現在，很多地方農村仍把艾餅、艾糕作傳統應節食品。古時還有用艾浸酒製成藥酒，俗信可辟邪祛病。宋人陳元靚《歲時廣記・艾葉酒》云：「洛陽人家端午作術羹艾酒。」端午節時，大人們還常喜用五彩線繡香包，內裝艾葉，掛於孩子胸前，以驅邪避疫，滅菌除疫，寄託著大人對孩子們吉祥平安、健康成長的美好願望。

端午節又稱「天中節」。後來人們在菖蒲、艾草之外，又加以蒜頭、榴花、龍船花稱為「天中五瑞」。因為這些都有消毒殺菌、驅蟲除瘴、清潔空氣的作用，古人認為都是祥瑞之物，用以避邪驅惡。

相傳，端午節插艾和菖蒲避兵災瘟疫的風俗與黃巢起義有關。唐朝末年，黃巢領導的農民起義軍所向披靡，官軍聞風喪膽。有一次，黃巢的農民起義軍打到河南南陽鄧州城下，見很多老百姓扶老攜幼、驚慌失措地在奔逃。其中一個婦女懷中抱著一個五六歲的大男孩，手中牽著一個三四歲的小男孩也隨逃難人群奔逃，黃巢感到很奇怪，便走過去問那位婦女：「大嫂，你們為什麼這麼驚慌地奔逃？」那位婦女回答說：「縣衙傳令說黃巢馬上要血洗鄧州城，讓百姓趕快逃命。」黃巢又問：「你為什麼抱著大男孩而手牽著小男孩呢？」那婦女忙說：「大男孩是鄰家的孩子，他父母參加義軍被官府殺了，只剩下這棵獨苗。小男孩是我親生的，如果黃巢殺來了，我寧肯丟掉自己的孩子，也要保住鄰家這棵獨苗。」

黃巢被這位婦女捨己為人的大義精神所感動，拔劍一揮，砍掉路邊的兩棵艾草對那位婦女說：「大嫂，我黃巢起義軍是專門與官府作對的，決不會傷害老百姓，你不用逃命，趕快回城，讓老百姓家門上都插上艾草做記號，保管不會受傷害。但你要只傳百姓，莫傳官府。」那位婦女回城後將此消息告訴了鄉鄰，當晚老百姓家門上都插上艾草。

第二天，正好是五月初五端午節，黃巢的義軍攻下鄧州，殺了縣官和污吏，開倉分糧，義軍和百姓一起歡度端午節。從此後，端午節插艾可避兵災和除瘟疫的風俗傳了下來，直到今天。

艾主產於河南、浙江、湖北、安徽、山東等地，其中河南湯陰的「北

艾」，浙江寧波的「海艾」、湖北蘄州的「蘄艾」為上品，其它地方所產次
之。艾的藥用部分主要是艾葉，採艾葉端午節前後最適宜，中午採集，其有
益成分含量高。所採艾葉曬乾，揉製成絨絮。用艾製作艾枕，對風寒引起的
頭痛、頸椎病、面部神經麻痺等有作用；用艾製作成艾墊，可治療腳氣、足
癬等；用艾製作成艾袋，可治丹田氣冷、臍腹冷痛、月經不調、關節酸痛
等。

萱草亭亭解忘憂
——趣話萱草

萱草雖微花，孤秀能自拔。
亭亭亂葉中，一一芳心插。

　　這是宋代大詩人蘇軾所寫的讚頌萱草的詩。詩中對萱草花的形態和秉性
作了逼真的描寫，讓人不能不對素雅、美豔、秀麗的萱草花產生一種敬慕和
喜愛之情。
　　萱草屬百合科多年生宿根草本植物，又名緩草、忘憂、丹棘、宜男、黃
花菜、金針菜、鹿蔥或紫萱等。它夏、秋開黃花或紫紅花，氣味清香，花姿
豔麗，花開成束，綠葉成叢，有一定的觀賞價值，還是營養豐富的滋補佳
品。其花可做菜，根可入藥。因有忘憂、療愁、宜男的別稱而被人們視為吉
祥物。《廣群芳譜》云：「萱，一名忘憂，一名療愁，一名宜男。」《本草綱目》

云：「（萱草）一名丹棘，一名鹿劍，一名妓女，苞生，莖無附枝，繁萼拈連，葉四垂，花初發如黃鵠嘴，開則六出，時有春花、夏花、秋花、冬花四季。色有黃、白、紅、紫。」

萱草作為吉祥物的主要文化含義有兩個方面：一是忘憂、療愁；一是宜男。晉張華《博物志》云：「萱草食之令人好歡樂忘憂思，故謂之忘憂草。」

萱草為什麼可以解憂療愁呢？主要還是萱草有觀賞價值，因為萱草花開時，亭亭玉立、美麗俊秀、花姿清逸、香味芬芳，可以使觀賞者賞心悅目、怡養性情。《三柳軒雜識》中稱「萱草花為歡客」。故唐代大詩人白居易有詩云：「杜康能散愁，萱草解忘憂。」唐宋大詩人李白、韋應物、溫庭筠、蘇東坡、黃山谷、孟郊等也都寫有萱草詩。如此美妙的花，怎能不使人療愁忘憂呢？

但也有些詩人持否定態度。宋代詩人梅堯臣曰：「人心與草不相同，安有樹萱憂自釋？」唐孟郊也有詩曰：「萱草女兒花，不解壯士憂。」宋司馬光有詩曰：「逍遙玩永日，自無憂可忘。」其實，萱草再美，也只能娛人心目，如果真想忘憂去愁，還必須靠自己來控制。不然，面對萱花，也只能「本是忘憂物，今夕重又憂」。

萱草為什麼又叫「宜男」呢？其另一主要文化含義是有助於孕婦生男孩。《風土記》云：「懷妊婦人佩其花則生男，故名宜男。」晉張華《博物志》亦云：「婦人有孕，佩其花（指萱草花）則生男，亦名生男草。」《草木記》云：「婦女不孕，佩其花必生男。」不僅民間相信孕婦佩戴萱草宜男，甚至皇帝也相信。唐玄宗時，興慶宮中就種有很多萱草，有人作詩譏諷曰：

清萱到處碧鬖鬖，興慶宮前色倍含。

借問皇家何種此？太平天子要宜男。

萱草宜男，沒有科學根據，不可信。佩戴其花必生男，更沒有科學道理。但是在俗信多子多福的封建社會裏，這一信仰正迎合了人們求子祈吉的心理。因而萱草成為吉祥物，並廣泛流傳。傳統吉祥圖案「宜男萱壽」、「宜男益壽」，畫的就是宜男草和壽山石。紋圖有萱草與石榴的則稱為「宜男多子」。

萱草綠葉丹華，清秀宜人。古代人們還常以萱代稱母親，椿、萱並稱以代指父母。舊時，人們把萱草常植於北堂之畔，因北堂為母親所居之處，故又稱「萱堂」，與代指父親的「椿庭」對稱。如明代「四大傳奇」戲劇朱權的《荊釵記》：「不幸椿庭殞喪，深賴萱堂訓誨成人。」是說父親早喪，完全靠母親教養成人。唐牟融《送徐浩》詩云：「知君此去情偏切，堂上椿萱雪滿頭。」是說詩人牟融送好友徐浩歸鄉，知道徐浩父母年歲已高，徐思念父母情切。「雪滿頭」比喻年紀大，頭髮全白。把萱草代稱母親，亦是由上面的兩個含義引申而來，更增加萱草的文化內涵和吉祥用意。

中國是種植萱草的母地，栽植種類最多。世界有 15 種，中國就產 12 種。就觀賞而言，有的花莖直立如杯，有的花瓣如龍飛鳳舞，有的花瓣反卷似懸穗，這些均給人以美的享受。

萱草還是一種營養豐富的蔬菜，又叫金針菜。在它含苞待放時把花蕾採下，蒸熟曬乾，以便保存。吃時用水泡開，它的營養價值比一般蔬菜要高，富含多種維生素和鈣、鐵、磷、鉀等礦物質。與木耳、干絲、蘑菇等可炒成

素什錦；與肉絲、雞蛋可炒成木樨肉，鮮嫩清香，風味極美。此外，萱草還可入藥，《本草綱目》云：其性味甘涼，無毒。具有清熱解毒、止渴生津、止血消炎、利尿通乳的功效，適用於治療口乾熱燥、大便帶血、小便不利、吐血咯血、婦奶乳閉等多種疾病。特別是婦女乳腺炎或乳汁不下，可用黃花菜燉瘦豬肉，較有效。如咯血吐血，可用黃花菜加藕蒂煎服有效。

萱草對環境氟污染有監測作用，當空氣受氟污染時，萱草葉子尖端就由綠色變為紅褐色，是監視環境污染的衛士。萱草耐陰、耐寒、耐濕，能適應各種土壤。只要水多肥足，就能旺盛生長，每枝上可開四五朵花。繁殖一般採用分株法，在春季發芽前分根。

萱草性強健，栽培容易，管理簡便。中國廣泛栽種，如陝西大荔，甘肅隴東，以及江蘇、安徽、湖北、山東、河南等許多地區，都有大面積栽種。特別是河南淮陽栽種歷史最久，已有 3000 多年。民間還流傳一則故事。三國時名醫華佗，善針灸，巧施六根大小不同的金針治病。一年，宿遷一帶流行瘟疫，死人很多。華佗要去治病，卻被曹操召回。華佗時刻想著鄉民們的病未除，無奈只好把這六根金針分別送給鄉民，六道金光飛去，猶如流星隕地。次日早晨，這些地方長出一片片葉子很長的草，草莖頂端開著六瓣金色花朵，就像華佗的六根金針。鄉親們便用這種草熬湯喝，很快病除。後來，為紀念華佗，人們把這種長葉開黃花的草叫「金針」。

春條擁深翠，夏花明夕陰。
北堂罕悴物，獨爾淡沖襟。

這是南宋理學家朱熹所寫的《萱草》詩。春天來了，萱草抽出細長的葉子，參差披拂，葳蕤繁茂，色若翠玉；夏天時萱草開出又大又黃的花朵，亭亭玉立，色彩豔麗，明媚誘人。母親居住在北堂，家裏沒有使人憂愁的東西，只有萱草淡泊養性，開人胸襟。其實，這首詩是詩人通過萱草來祝福母親，雖年歲已老，要襟懷淡泊，忘憂一切。同時，這也是詩人在祝福天下所有老人頤養天年，健康長壽。

神靈之芝延壽辰
——趣話靈芝

> 莖高四十九公分，枝莖處處有斑紋。
> 根部如鬆光奪目，乳白青綠間紫金。

這是中國現代著名文學家、史學家郭沫若所寫的《題靈芝草》詩，把靈芝的形狀、色彩等都描寫了下來，讓人一目了然。

一提到靈芝，人們自然會聯想到很多與神仙有關的神話傳說故事。在中國人的眼中，靈芝是神草、聖物、瑞草、吉祥物，總帶有一股神仙的瑞氣和一種神秘的仙氣，就連古籍中也把它寫得神乎其神。《說文》曰：「芝，神草也。」《爾雅》云：「芝一歲三華，瑞草。」又云：「聖人休祥，有五色神芝，含秀而吐榮。」所以，古代文人墨客也多有贊詠。漢張衡《西京賦》云：「神木靈草，朱實離離。」宋陸游《玉隆得丹芝》絕句云：「何用金丹九轉成，手

持芝草已身輕。」

靈芝，本名芝，古代寫作「之」，像地上生長的草形。因為靈芝又名靈芝草，為多年生草本隱花植物，後來又加草字頭為「芝」。這樣，才與語氣助詞「之」有所區別。

芝被神化，始於秦漢時道家，魏晉六朝其風更甚。晉代道家葛洪《抱朴子·仙藥》詳細地記述了芝之種類和神奇功效。芝之品種繁多，按其特性有龍仙芝、青靈芝、金蘭芝、肉芝、菌芝；按其生長習性有水芝、地芝、土芝、木芝、草芝、石芝；按其形態有黑雲芝、赤龍芝、車馬芝等；按其色彩，有紅芝、白芝、黑芝等。《抱朴子》把靈芝分為石芝、木芝、草芝、肉芝、菌芝五類，又名三秀。《神農本草經》中有：「紅者如珊瑚，白者如截肪，黑者如澤漆，青者如翠羽，黃者如紫金。」這就是傳說中的五色神芝。傳說吃了這些神芝可以壽至千歲，人如生翼，輕身避水，長生不死，還能起死回生。

早在秦漢時期，人們就賦靈芝有神瑞之靈氣。說到這裏，人們便會想到戲曲《白蛇傳》「盜仙草」一折中的故事。其中白娘子救許仙所盜的仙草就是靈芝。

關於食靈芝可以長生不老，還有則民間故事可作佐證。相傳蘭陵有個叫蕭逸的人，一天挖地時見到一株類似蘑菇、顏色赤紅的東西，採回煮食後感到味道特別鮮美。從此後，蕭逸耳聰目明，身體輕盈，體力日壯，容貌紅潤，越來越年輕。後來，蕭逸的一位朋友是位道士，看到他後驚歎地問：「你吃過仙藥嗎？先生可以與龜鶴松柏齊壽了。」他把所吃的東西和情況向道士一說，才知自己所吃的正是靈芝。這個傳說故事有些神奇，但靈芝確實有滋

補作用。所以，中國古代都把靈芝作為祥瑞之物，作為長生不老、返老還童
的象徵。

靈芝作為神物、瑞草、仙芝，就必然與人事昌達、興旺有關。所以，古
人認為，靈芝的出現必然預兆天下太平、政治清明、國泰民安、河清海晏。
《神農本草經》云：「王者仁慈，則芝草生玉莖紫筍。」《瑞應圖》亦云：「芝
英者，王者德仁者生。」但封建統治者也有假借靈芝出現來粉飾太平的。據
史籍記載，宋真宗時，內憂外患，民不聊生，但朝廷不思朝政，為粉飾太
平，鎮服四海，除偽造天書外，又偽造靈芝，以靈芝的瑞應吉兆來迷惑麻醉
百姓，結果演出一曲魚目混珠、紛獻靈芝的鬧劇，成為歷史上的笑柄。

靈芝本為多孔菌科多年生植物，菌蓋形如蘑菇，或半圓形，呈紅褐色、
紫黑色或栗褐色。表面平滑，有漆皮光澤，菌蓋下有許多細孔，白色或淡褐
色，稱為管。菌柄長，表面黑有光澤。菌蓋還有雲狀環紋。因靈芝常生於高
山峻崖的枯樹根上，因地而異。明李時珍《本草綱目》有：「青芝生泰山，赤
芝生霍山，黃芝生嵩山，白芝生華山，黑芝生常山，紫芝生高山夏峪。」

古人把靈芝吹得也真是太神奇了。其實靈芝並不神奇，但確有抗衰老的
作用。據現代醫藥科學研究表明，靈芝性平味甘，歸心、肝、腎經，有強筋
骨、益精氣、強心肌、防動脈硬化、促細胞再生、保護肝臟、止咳祛痰、安
神養心、有益氣血、健脾補腎、防病益壽等作用，且可治心悸失眠、健忘疲
乏諸症。近年研究，靈芝還有抗癌的作用。用靈芝泡酒，醇香宜人，有滋補
功能。

靈芝具有藥用功能，主要是它含有鍺及多種微量元素，鍺與體內的氫離
子結合，可增加體內的氧，有利於新陳代謝，延緩細胞衰老。人們一直把靈

芝視為珍貴補品，用靈芝製成各種成藥，如靈芝蜂王漿、靈芝糖漿、靈芝膠囊、靈芝片、靈芝注射液等，種類繁多，藥理作用廣泛，較受歡迎。從健身益壽的藥用價值來說，人們把靈芝作為吉祥物也是理所當然的。

靈芝還是與蘭齊名的香草，因而有「芝蘭」合稱，常用來比喻君子之交。宋代羅願《爾雅翼》云：「芝，古以為香草，大夫之摯芝蘭；又曰：『與善者居，如入芝蘭之室，久而不聞其香，則與之化也。』」傳統吉祥圖案中繪有靈芝與蘭的紋圖為「君子之交」，繪有天竹、水仙、壽石、靈芝的紋圖為「芝仙祝壽」、「天仙壽芝」等。這些吉祥物用來祝壽，有祈願長生不老、健康長壽之意。

白玉明肌裹絳囊
——趣話荔枝

荔枝原產於中國南方，秦以前已有，從南越王趙佗把荔枝作貢品進獻漢高祖算起，也已有 2000 多年歷史了。荔枝又名離枝、丹荔。它還有一個很特別的名字叫「釘坐真人」。據《扶南記》云：「此木以荔枝為名者，以其結實時，枝弱而蒂牢，不可摘取，以刀斧劙取其枝，故以為名耳。」關於荔枝的特徵，唐代大詩人白居易在《荔枝圖序》中說得很清楚：「荔枝生巴峽間，樹形團團如帷蓋，葉如桂，冬青；華如橘，春榮；實如丹，夏熟。朵如葡萄，核如枇杷，殼如紅繒，膜如紫綃，瓤肉瑩白如冰雪，漿液甘酸如醴酪，大略如彼，其實過之。若離本枝，一日而色變，二日而香變，三日而味變，四五

日外，色香味盡去矣。」

荔枝在中國兩廣、海南、雲南、福建、四川、臺灣等地均有栽培。據明代《荔枝譜》記載有陳紫、一品紅、周家紅、釵頭顆、火丁香、紅繡鞋、滿林香、綠衣郎、三月紅、玉露霜、紫玉環、回春果、十八娘等 90 余種。說到名品十八娘，這裏還有一個傳說故事。南閩王王審知有弱妹十八娘，長得十分漂亮，排行十八，故稱十八娘。因她特別喜歡吃一種荔枝，故亦稱這種荔枝為十八娘。另有傳說開元帝有個侍兒，姓支名絳玉，字麗華，排行十八，為人聰敏過人，又長得美如天仙，喜吃荔枝，便叫這種荔枝為十八娘。後代詩人多藉此大作詩文，宋代大詩人蘇東坡即作有《減字木蘭花》詞云：

> 閩溪珍獻，過海雲帆來似箭。玉座金盤，不貢奇葩四百年。
> 輕紅釀白，雅稱佳人纖手擘。骨細肌香，恰似當年十八娘。

元代詩人柳應芳也有《荔枝》詩云：「城南多少青絲籠，競取王家十八娘。」

這種叫十八娘的荔枝果形細長，色澤深紅，不僅好看而且好吃。這些詩人把荔枝比做美人十八娘，可見當時人們對此珍果之喜愛。

說到荔枝，不能不談到流傳千古的楊貴妃吃荔枝的故事。天寶年間，唐明皇的愛妃楊玉環最愛吃荔枝。作為「後宮佳麗三千人，三千寵愛在一身」的楊玉環最受唐明皇的寵愛，唐明皇對她可以說是百依百順，楊貴妃「回眸一笑百媚生」的美姿更是讓他傾倒。楊貴妃患有口臭，吃新鮮荔枝可以減輕，唐明皇便下旨從涪州飛騎傳送，日夜兼程，歷數千里，運荔枝到長安供

楊貴妃食用。《寰宇記》曾記有：「涪州城西五十里，唐時有妃子園，中有荔枝百餘株，顆肥，為楊妃所喜，當時以馬馳載，七日至京，人馬多斃。」唐當時的大詩人杜牧即曾有《過華清宮》詩云：「一騎紅塵妃子笑，無人知是荔枝來。」

宋代詩人蘇軾也有《荔支歎》詩云：「十里一置飛塵灰，五里一堠兵火催。顛坑僕谷相枕藉，知是荔支龍眼來。」

你看，唐明皇為了博得楊貴妃的歡心，讓荔枝如新採，在進貢荔枝的途中，不惜飛騎跨山、驚塵濺血，不知摧殘了多少人的生命。

不僅楊貴妃喜歡吃荔枝，普通百姓也都喜歡吃。新鮮荔枝的確鮮美，不僅含有葡萄糖、蛋白質，而且還含有多種維生素，營養極為豐富。唐代大詩人白居易在剛吃到荔枝時，就讚賞曰：「嚼疑天上味，嗅異世間香。」明代曹學佺《荔枝歌》云：「海內如推百果王，鮮食荔枝終第一。」宋大詩人蘇軾被貶到嶺南後，任惠州太守的好友陳堯佐請他去品嘗荔枝。他第一次吃到這甘甜沁脾的荔枝大加讚歎，不僅把荔枝比為「海山僊人」，而且還欲棄官種荔，並寫《食荔枝》詩云：「日啖荔枝三百顆，不辭長作嶺南人。」

荔枝又名離枝，司馬相如《上林賦》中即稱作離枝，因荔枝不易保存，吃荔枝和採荔枝很有講究。吃荔枝是越新鮮越好，唐白居易《荔枝圖序》中已講得很清楚：相傳百蟲不害其樹，果若離本枝，一日色變，二日香變，三日味變，四五日色香味盡去。唐代李珣《海藥本草》亦云：「熟時人未採，則百蟲不敢近。人才採之，鳥鳥、蝙蝠之類，無不傷殘之也。故採荔枝者，必日中而眾採之。」從這裏可以看出，荔枝的採食比較特異，因此，增加了其吉祥內涵。

荔枝不僅好吃，還可入藥，據古今醫家所言，荔枝甘溫益肺、脾、胃經，能通神、益智、健氣、補肺寧心、和脾開胃、生津止渴、溫滋肝血、壯陽益氣、美容利咽，還可止疔腫等，但陰虛火旺之人應少食。

荔枝作為吉祥物，常用於新婚祝吉。古時主要是取其諧音「利子」、「立子」。如把荔枝與棗子等繪於一起的吉祥圖案，便表示「早立子」。此外，還以「荔」諧「俐」音，如把荔枝配蔥（取諧音「聰」）、藕（有孔相通，寓意明）、菱（取諧音「伶」）的紋圖，即為「聰明伶俐」。還有把荔枝、藕、菱角再加上靈芝，即為「聰明伶俐不如癡」。所言荔枝、菱角雖都為吉祥物，但都沒有靈芝珍貴，反映出古人教育子女的「聰明伶俐不如癡」的處世哲學。由此，又引出宋代大詩人蘇東坡教育子女的一段趣事。蘇東坡曾有一首詩云：

人家養子望聰明，我被聰明誤一生。
唯願生兒愚且魯，無災無難到公卿。

哪位父母不希望兒子聰明呢？為什麼蘇東坡卻願兒子「愚且魯」呢？這是蘇東坡總結出來的一生處世哲學。蘇東坡一生聰明過人，20歲時便中進士，本想幹一番大事業，可由於時世黑暗，他做了官後，不是被貶就是入獄。所以，他但願自己的孩子不要再像他一樣因聰明而誤了一生。不如「愚且魯」，還可以混個公卿類的官幹幹。這是詩人對封建黑暗社會用人制度的痛斥和鞭撻，抒發了自己懷才不遇、報國無門的悲憤情感。

最是橙黄橘綠時

——趣話橘子

橘，又名木奴，俗寫作「桔」。為常綠灌木，夏初開白色小花，清香怡人。入秋果實為綠色，經霜後為紅色或橙黃色。《廣群芳譜》曰：「橘一名木奴，樹高丈許，枝多刺，生莖間，葉兩頭尖，綠色光面，闊寸餘，長二寸許，四月生小白花，

民間橘子圖案清香可人，結實如柚而小，至冬黃熟，大者如杯，包中有瓣，瓣中有核，實小於柑，味甘微酸。」《花經》亦云：「按橘之香、色、味三者，可謂俱美俱全。花有香韻，色白，細如點雪。嗽其果，瓊漿溢流，鮮甜無匹，更有滌煩滌悶，沁潤肺脾之功。」中國栽培橘的歷史悠久；始於中國的夏、商時期，迄今已有 4000 年歷史。《山海經》中記有：「荊山銅山葛山，賈超之山，洞庭之山，其木多橘。」《神異經》云：「東方裔外有建山，其上多橘柚。」崔寔《正論》云：「橘柚之實，堯舜不常御。」可見，堯舜時已有橘。中國古籍《晏子春秋》有「橘生淮南則為橘，生於淮北則為枳」的記載，說明古人對橘的生長也已有研究。

早在 2000 多年前的戰國末期，楚國愛國詩人屈原就寫有《橘頌》，在《橘頌》中，屈大夫不僅寫出了橘之秉性，並從橘之根、花、葉、枝、刺、果、瓣和香氣分別寫出橘的特徵。通過橘來比擬自己，表明了他處濁世而不隨波逐流，受誣陷而忠貞不改的堅貞、高潔的品格和節操。可見，早在 2800 年前橘已在人們心目中佔有重要的地位了。

橘樹遷地不實，果堅貞芳潔，故人們多喜植庭中，並大加贊詠。三國魏

曹植和晉代潘岳都專門寫有《橘賦》。南朝梁簡文帝蕭綱就寫有《詠橘》詩
云：「萎蕤映庭樹，枝葉淩秋芳。」隋代詩人李孝貞亦有一首《詠橘樹》詩
云：「白華如散雪，朱實似懸金。」

相傳唐代詩人柳宗元被貶柳州時，除種柳樹外，在城西北還種了3200多
棵橘樹，並寫詩贊之，以橘明志。

橘的品種較多，有金橘、綠橘、油橘、沙橘、包橘、綿橘、荔枝橘、穿
心橘、自然橘等，中國南方亞熱帶地區均有種植。以廣東、廣西、湖南、湖
北、浙江、福建、四川等地最為著名。如黃岩蜜橘、廈門蜜橘、天台蜜橘、
南豐貢橘、潮州橘、洞庭紅橘、福橘等。在中國外銷果品中橘占第一位。歐
美等國的柑橘，都是從中國傳過去的。因人們多將橘和柑混為一談，一般均
泛稱為柑橘。也有的地區以大者為柑，小者為橘。

橘的營養極為豐富，含有多種維生素、果酸等，還可入藥，在《神農本
草經》、《橘錄》、《本草綱目》等古籍中均有記載。橘一身是寶，蜜橘香甜可
口，是最好的含有多種維生素的水果。其皮中醫稱陳皮，可藥用，有理氣、
健脾、袪濕、化痰之功效。李時珍《本草綱目》云：「橘皮下氣消痰，其肉生
痰聚飲，表裏之異如此，凡物皆然。」橘絡有通絡、活血、利氣之功能，橘
核可理氣、散結、止疼，青橘皮可舒肝理氣、消積化滯。李時珍還曰：「青橘
皮乃橘之未黃而青色者，薄而光，其氣芳烈。」

和諧吉祥「治胸膈氣逆，脅痛，小腹疝痛，消乳腫，疏肝膽，瀉肺氣。」
此外，橘還可制罐頭、蜜餞、果汁、果酒等，是中國主要出口水果產品。《農
政全書》中對橘作了最好的總結：「夫橘，南方之珍果，味則可口，皮核愈
疾，近升盤俎，遠備方物。而種植之，獲利又倍焉。其利世益，故非可他果

同日語也。」可見，橘的多種用途是一般水果難以比擬的，所以備受人們的
喜愛。

在民間，橘子受到人們的喜愛，最主要的是橘俗體字為「桔」，因與
「吉」音相近，取其諧音，故把橘作為吉祥物和神果來看。在《神仙傳》中就
記有這樣一個故事：「蘇仙公，漢桂陽人，以仁孝聞，文帝時得道，將仙去，
告母曰：『明年天下疾疫，庭中井水，簷邊橘樹，可以代藥。井水一升，橘葉
一枝，可療一人。』遂升雲而去。至期，果疫，母如言療之，皆愈。」所以中
國各地民間在新年時都有饋贈橘子的風俗，以祈新年大吉大利。

春節時，人們還把金橘（又稱金彈丸）、紅橘、四季橘等，製成盆景置
於庭堂或案頭，橘子樹上掛滿金橘，葉碧橘黃，不僅可供欣賞，更深的寓意
是象徵吉祥如意。如果把盆景饋贈親朋好友，還有祝吉祈福之意。正如宋歐
陽修《歸田錄》云：「金橘……香味清美，置之樽俎間，光彩灼爍，如金彈
丸，誠珍果也。」因民間俗信，金橘兆發財，四季橘兆四季平安，紅橘祈吉
星高照。江、浙等地春節時還用柏枝編成筐，記憶體柿、橘，放於堂上，以
示吉祥，俗稱為百事大吉。據胡樸安《中華全國風俗志》載：浙江杭州人「元
旦日……簽柏枝於柿餅，以大橘承之，謂之百事大吉。」民間也早有以橘為
題材的吉祥圖案，如有用柏枝（或百合）、柿子及大橘子組成的紋圖為「百事
大吉」，百合與橘子組成的圖案為「百合吉祥」或「和諧吉祥」，幾個柿子和
大橘子組成的紋圖為「事事大吉」。這些吉祥圖案廣泛運用於畫稿或繪於器物
上，以示百事吉祥如意，受到人們的廣泛歡迎。

不妨銀杏伴金桃
——趣話銀杏

　　我愛它那獨立不倚、孤直挺勁的姿態。

　　我愛它那鴨掌形的碧葉，那如夏雲靜湧的樹冠。

　　當然，我更愛吃它那果仁。

　　這是中國著名歷史學家、現代詩人郭沫若對銀杏樹的贊詠而寫的《贊白果》一詩。詩中抓住銀杏樹的特徵，不僅寫出了其孤直挺勁的樹姿，也寫出了其鴨掌形的樹葉如夏雲的樹冠，更寫出了他對果仁的喜愛。

　　銀杏，因其所結的果實似杏而白色，故俗稱銀杏，亦稱白果，又名靈眼、佛指甲、佛指柑等。

　　銀杏為銀杏科落葉喬木，樹幹挺拔端直，高可達 40 公尺，樹皮為灰褐色。葉互生在短枝上，呈扇形，似鴨掌，又稱為「鴨腳樹」、「鴨掌樹」等。《花經》云：「銀杏多生浙南，樹多叢秀，木質細理，花夜開旋沒，罕得見之。葉最繁密，片有刻缺，如鴨腳形，又名鴨腳子。實初青後黃，入秋皮肉已腐，剔取其核，洗淨而乾之。據聞花開甚速，電閃一白，又因殼白色，故得白果之俗稱。霜後葉色轉黃，映以丹楓，爛若披錦，秋林黯淡，得此生色。樹齡久長，浙皖等省名 古寺中，多數百年老木，歷數代而長春，故又號公孫樹。」《廣群芳譜》亦云：「銀杏一名白果，一名鴨腳子，處處皆有，以宣城為盛，樹高二三丈，或至連抱，可作棟樑。葉薄，縱理儼如鴨掌，面綠背淡，二月開花成簇，青白色，二更開，旋即卸落，人罕見之。一枝結子百

十，狀如小杏，經霜乃熟。」明李時珍《本草綱目》云：「（銀杏）原生江南，葉似鴨掌，因名鴨腳。宋初始入貢，改呼銀杏，因其形似小杏而核色白也，今名白果。梅堯臣詩：『鴨腳類綠杏，其名因葉高。』」

銀杏樹生命力極強，雄偉壯觀，古樸清幽，還可抗二氧化碳，是綠化的最好觀賞樹種。因其適應性強，中國各地均有栽植，在古寺廟、宮殿常可見有參天的千年古銀杏樹。又因其壽命長，稱為「壽星樹」。

銀杏樹可活數千年，從栽樹到結果需要 40 年，常常是公公（爺爺）植樹，到孫子才可摘果實，故又稱「公孫樹」。在北京的潭柘寺就有一棵晉代的銀杏樹，迄今已生長 1700 多年了。傳說時代更替、新主登基時，必生新枝，乾隆曾封之為「帝王樹」。山東莒縣定林寺有一株春秋時代的銀杏樹，已生長 3000 多年。四川的青城山上有一株漢代銀杏樹。江西廬山黃龍寺中有一棵晉代銀杏樹。湖南中嶽衡山的福嚴寺裏還有一棵唐代銀杏樹已千餘年。湖北安陸市白兆山有一古老銀杏樹群，千年以上的銀杏樹就有 40 餘株，有一株已達 1570 年，稱為「天下銀杏第一樹」。銀杏樹生命力極強，在甘肅隴南的銀杏鄉有一棵千年以上的銀杏樹，曾被火燒，後來又從樹根處長出三株氣勢壯觀，胸徑達 12 公尺之多的銀杏樹，成為隴南一大名勝。銀杏為樹木中老壽星，在民間已作為長壽的象徵。

銀杏樹原產於中國，為中國特產，生長在古生物學所說的史前期的「三疊紀」、「侏羅紀」恐龍時期，其歷史已有 40 萬年以上。因而現在又有「活化石」之稱，並被世界譽之為「東方的聖者」，世界其它地方的銀杏樹均是由中國引種過去的。

銀杏二月份開花，為雌雄異株，開花時在夜間，開後即謝，很少有人能

看到。單株銀杏不結果，必須有雌雄兩株銀杏方可結果。40 年樹齡的銀杏其果較多，一枝可結百多子。因其多子，古時婚禮上也多用白果、花生、棗、栗子等乾果一起撒帳，取其諧音，有多子多孫、早生貴子之吉祥寓意。李時珍《本草綱目》云：「（銀杏）二月開花成簇，青白色，二更開花，隨即卸落，人罕見之。一枝結子百十，狀如楝子，經霜乃熟爛，去肉取核為果。其核兩頭尖，三棱為雄，二棱為雌。其仁嫩時綠色，久則黃。須雌雄同種，其樹相望乃結實；或雌雄樹臨水亦可；或鑿一孔，內雄木一塊泥之亦結。陰陽相感之妙如此。」由此可見該樹之神奇。

銀杏樹幹挺直雄偉，古樸清雅，樹冠如雲似蓋，參天葳蕤。特別是春夏時，它那碧綠的葉子，酷似把把張開的摺扇，招人喜愛；而到秋末冬初，一經寒霜洗禮，碧扇又變為黃色，滿樹金黃，更是惹人喜愛。所以銀杏作為觀賞樹木，中國各地均廣為栽植。銀杏樹繁殖有播種和分株兩種，分株所得之苗生長較弱，通常多用播核法。春天，核入土中，不一月即可發芽。

銀杏樹作為吉祥樹，更重要的是它的實用價值。其葉、果、根均可入藥，秋季採葉曬乾作原料製成中藥，有降壓降脂的良好作用；還有活血止痛、殺蟲祛惡的功用。其根益氣補虛；其果仁歷來為佳果，生食可解酒降痰，消毒殺蟲。熟食有溫肺益氣，定咳喘，縮小便的功效。據《花鏡》載：「考秀才、舉人、進士，不准小便，故帶白果而食之，以截其便。」其藥用價值，《本草綱目》中講得較清：「（白果）故能入肺經，益肺氣，定咳喘，縮小便。生搗能浣油膩，則其去痰濁之功，可類推矣。其花夜開，人不得見，蓋陰毒之物，故又能殺蟲消毒。」但白果有小毒，不可多食。此外，其木材堅實細密，是做傢俱和蓋房的上等良材。李時珍還說銀杏木為「術家取刻符

印，雲能召使也」，銀杏可謂一身是寶。

滿插茱萸望避邪
——趣話茱萸

　　茱萸是中國歷史古老的傳統植物，別稱很多，一名藙，一名㰩，一名艾子，一名辣子，一名攬欓子。早在戰國時，楚國愛國詩人屈原的《離騷》中即有「㰩（即茱萸）又欲充夫佩幃」。可見，戰國時人們已知佩茱萸而避邪。

　　茱萸在中國南北各地均有栽植。《本草綱目》云：「吳茱萸處處有之，江淮蜀漢尤多，木高丈余，皮青綠色，葉似椿而闊厚，紫色，三月開紅紫細花，七八月結實似椒子，嫩時微黃，至熟則深紫。」《花鏡》亦云：「茱萸隨處皆生，木高丈余，皮青綠色。葉似椿而闊厚，色青紫。莖間有刺，三月開紅紫細花。其實結於樹梢，累累成簇而無核，嫩時孫楚讚頌茱萸微黃，至熟則深紫，味辛辣如椒。井側河邊，宜種此樹，葉落其中，人飲是水，永無瘟疫。懸子於屋，能避鬼魅。九月九日，折茱萸戴首，可避惡氣，除鬼魅。」

　　茱萸早在中國戰國時期已作為嘉木神果受到人們的重視，並作為可驅疾避邪、增年延壽的吉祥物與九月九日重陽節緊密地聯繫起來。或登高喝茱萸酒，或折枝插頭，或房內懸掛，或井邊池旁栽種茱萸，已成為一種風俗，歷代傳承，至今不衰。晉代周處的《風土記》中記有：「俗尚九月九日，謂之上九茱萸，到此日氣烈熟，色赤，可折以插頭，辟惡氣，禦冬。」《福建志》云：「建寧府重陽日，登高飲茱萸酒，名茱萸為避邪翁。」

　　因為古時農曆九月九日重陽節時，人們有插茱萸、佩戴茱萸囊的習俗，故重陽節又稱茱萸節、茱萸會。唐代張說《湘州九日城北亭子》詩中就有「西楚茱萸節，南淮戲馬臺」的詩句。

　　關於重陽節插茱萸、佩戴茱萸囊的習俗，源起於南朝梁吳均的《續齊諧記》所載的桓景避災的傳說故事。「汝南桓景隨費長房遊學，長房謂之曰：九月九日，汝南當有大災厄，急令家人縫囊，盛茱萸係臂上，登山飲菊花酒，此禍可消。景如言舉家登山。夕還，見雞犬牛羊一時暴死。長房問之，曰此可代矣。今世人九日登高飲酒，帶茱萸囊，蓋始於此。」重陽節插茱萸、佩茱萸之俗早在西漢已有。漢代劉歆《西京雜記》就曾記有漢高祖的寵妃戚夫人侍兒賈佩蘭「佩茱萸」之事。到魏晉時，重陽登高佩茱萸囊之俗已普遍流行。

　　到唐宋時期，這種風俗更盛。重陽節時，天高氣爽，登高遊目，茱萸芳烈，丹流菊黃，怎不令人神思飛揚，詩興勃發。所以，歷代詩人詞客為我們留下了許多寫茱萸的傳誦不絕的秀詩華章。關於詩中寫茱萸的當數唐代王維的《九月九日憶山東兄弟》一詩：

　　　　獨在異鄉爲異客，每逢佳節倍思親。
　　　　遙知兄弟登高處，遍插茱萸少一人。

　　詩中詩人寫重陽節登高時，不直說自己想念家鄉兄弟，而通過寫兄弟們在登高、遍插茱萸時發現少了一位兄弟，反寫自己思念故鄉的兄弟。詩人這樣把思念之情寫得曲折有致，深切動人。而且這種「憶」兄弟之情帶有鮮明

的節俗色彩，給人以想像餘地，情景如畫，歷歷在目。特別是詩中的「每逢佳節倍思親」已成為流傳千古的佳句。這也正如唐孟浩然詩所言：「茱萸正可佩，折取寄親情。」佩茱萸又有了懷念親情的文化內涵。把茱萸寫得較有情趣的還有唐代詩人權德輿的《酬九日》詩：

> 重九共遊娛，秋光景氣殊。
> 他時頭似雪，還對插茱萸。

　　詩人在秋色怡人的重陽節，嬉戲娛樂，即使他日頭白似雪已老，也還要與他人對插茱萸，再作重九之遊。該詩幽默詼諧，形神俱現。寫茱萸的詩還有李白的《宣州九日寄崔御》詩：「九日茱萸熟，插鬢傷早白。」這些詩均記錄了重陽節時人們插茱萸、佩茱萸、思親人的風俗，抒發了詩人憂喜迥異的情感思緒。

　　茱萸又名越椒、艾子等，古人又稱其為「避邪翁」，為常綠小喬木。茱萸作為吉祥物，主要是與其藥用價值有關。茱萸香氣濃鬱，有驅蟲除濕、祛風邪、治寒熱、消積食等藥用功效。《本草綱目》中云：「（茱萸）氣味辛溫，有小毒，溫中下氣，止痛除濕，逐風邪，開腠理，治咳逆寒熱，利五臟，去痰冷逆氣，治飲食不消，心腹諸冷紋痛，中噁心腹痛、霍亂、吐瀉、癰痺刺痛、腰腳軟弱，利大腸壅氣、腸風、痔疫，殺三蟲鬼疰，治腎氣，通關節，健脾厚腸胃，開鬱化滯。」

　　早在晉代，人們已知在庭院房前栽種茱萸，用來除蟲祛毒。《太平御覽》云：「井上宜種茱萸，茱萸葉落井中，有化水者，無瘟疫。」《花鏡》亦曰：「井

側河邊，宜種此樹，葉落其中，人飲是水，永無瘟疫。」可見，人食用浸有茱萸葉的井水，確有防瘟袪病的保健作用。唐詩人郭震《秋歌》即有「辟惡茱萸囊，延年菊花酒」。

宋代以後，人們不僅佩戴茱萸，而且還用茱萸浸酒飲之，用於避邪、袪毒、健身。南宋吳自牧《夢粱錄》云：「今世人以菊花、茱萸，浮於酒飲之。」北宋時，京師（今河南開封）婦女還以茱萸相贈，以避惡祈祥。宋人謝逸有《點絳唇》詞云：「醉繡看茱萸，定是明年健。」茱萸作為吉祥物，民間刺繡有「茱萸繡」、錦緞有「茱萸錦」，均以茱萸作吉祥裝飾紋樣，受到人們的普遍歡迎。

靈藥枸杞可延齡
——趣話枸杞

金秋十月，菊花飄香，杞果泛紅。在繁茂的枸杞木叢中，一顆顆懸掛似瑪瑙、紅豔欲滴的枸杞果，令人喜愛，讓人陶醉。

枸杞為茄科落葉灌木，別名很多，同音的有枸　、枸棘、枸忌等。根據其功效、特點命名的有地仙、天精、卻暑、地骨、地節、地輔、羊乳等。因其木可做杖，又稱僊人杖、西王母杖等別稱。枸杞原為兩種植物的名稱，因其棘如枸之刺，莖如杞之條，故合併一名為枸杞。又因其「堅筋骨，輕身不老」，故名卻老。此外，還有紅耳墜、枸杞頭、仙苗、仙草等名。《花鏡》云：「枸杞，一名枸　，一名羊乳，南北山中，及丘陵牆阪間皆有之。以其棘

如枸之刺，枝如杞之條，故兼二木而名之。生於西地者高而肥，生於南方者矮而瘠。歲久本老，虯曲多致，結子紅點若綴，頗堪盆玩。春生苗葉微苦，焯過可食。秋生小紅紫花，結實雖小而味甘。澆水必清晨，則子不落，壅以牛糞則肥。多取陝西、甘州（今甘肅）者，因其子少而肉厚，入藥最良。其莖大而堅直者，可作杖，故俗呼僊人杖。」用枸杞木莖做杖又稱西王母杖。宋代黃庭堅有《顯聖寺庭枸杞》詩云：「養成九節杖，特獻西王母。」蘇軾《小圃枸杞》詩：「僊人可許我，借杖扶衰疾。」詩中說的都是用枸杞木莖所做的手杖。杖可扶老，所以古人把它作為長壽的吉祥物。

枸杞在中國廣泛種植，但傳統的主產地有三處：一是甘肅的張掖（古稱甘州），叫甘杞子，李時珍稱「以甘州為絕品」；二是寧夏的中寧、中衛等地，稱「西枸杞」，中寧為「枸杞之鄉」，以粒大、肉厚、色紅、味甘、質潤五大特點而名甲天下；三是天津產杜杞子、津血杞，質亦憂。《本草綱目》云：「古者枸杞、地骨取常山者為上，其它丘陵阪岸者皆可用。後世唯取陝西者良，而又以甘州者為絕品。今陝之蘭州、靈州、九原以西枸杞，並是大樹，其葉厚根粗。河西及甘州者，其子圓如櫻桃，暴乾緊小少核，乾亦紅潤甘美，味如葡萄，可作果食，異於他處者。」

枸杞作為壽誕吉祥物主要還是著眼其強身滋補、延年益壽的藥用價值。枸杞花、葉、根、果皆可入藥，蔬、藥、養、賞合為一體，深受醫、農、道、園各家之愛。唐代詩人陸龜蒙自種自賞枸杞，並寫有《杞菊賦》。宋代詩人蘇東坡自種自採自食枸杞，寫有詩云：「神藥不自，羅生滿山澤。」

明李時珍《本草綱目》載：「（枸杞）久服，堅筋骨，輕身不老，耐寒暑，下胸脅氣，客熱頭痛，補內傷大勞，噓吸強陰，利大小腸。補精氣諸不

足，易顏色變白，明目安神，令人長壽。」《神農本草經》也記有：「（枸杞）服之堅盤骨，輕身耐老。」《群芳譜》亦云：「（枸杞）花、葉、根、實並用，益精補氣不足，悅顏色，堅筋骨，黑鬢髮，耐寒暑，明目安神，輕身不老。」枸杞別名天精、地仙、卻老等大概就是由此而來。據現代科學測定，枸杞含有枸杞城元素，確有強身滋補的功用。用枸杞乾果泡酒、熬膏，常服可治高血壓、糖尿病等。因此，枸杞一向被人們視為延年益壽的吉祥物。

枸杞老根多為狗形，「枸」與「狗」同音，枸為木，所以枸杞得名也與此有關，其根中藥稱地骨皮。據說宋徽宗時，順州築城，在土中挖出一株枸杞根，形如一頭大狗，當時認為是至寶瑞物，就獻到了皇宮中去，舊籍中載：「此乃仙家所謂千歲枸杞，其形如犬者也。」

關於枸杞根似犬，在《續神仙傳》中還有一個神話故事：傳說永嘉有個叫朱孺子的人，幼年時就隨道士王元真學道，居住在大箬岩邊，經常登山採黃精來服用。有一天，朱孺子到溪邊洗菜，忽然發現有兩隻小狗互相追逐，朱孺子感到很驚異，就去追小狗，小狗逃到枸杞叢中不見了。朱孺子回來後與師父王元真描述此事。王元真也感到很驚訝，便與朱孺子一塊來看，果然有兩隻小犬在戲耍，當人去追逐時，它們又逃入枸杞叢中不見了。王元真和朱孺子找來工具共同挖掘，只見枸杞根形如小花犬，堅硬如石，洗乾淨後拿回來煮熟食之。一會兒朱孺子就身輕如燕，飛升到面前的山峰上，王元真更感驚奇。朱孺子謝別了師父王元真，飛升入雲而去，所以，今天仍呼這個山峰為童子峰。

這個故事為神話，是人們杜撰附會而來，但同時也反映了古人對枸杞藥用價值的重視，說明了枸杞延年益壽的祥瑞文化內涵。所以唐代詩人白居易

有《枸杞》詩云：「不知靈藥根成狗，怪得時聞夜吠聲。」

　　枸杞歷受醫家、養生家重視。相傳東晉的葛洪、唐代大醫學家孫思邈都愛喝枸杞酒，也都是老壽星。還相傳枸杞長井邊溪旁，長飲此井水，人多長壽。山東蓬萊市南丘村到處種有枸杞，春採葉食，長年服枸杞，人多高　，乃水土之氣使然。

　　常食枸杞可長壽延年，民間還有一個傳說故事。北宋時，一使者見一個十五六歲的姑娘用棍責打一個八九十歲的老翁。使者上去斥責這位姑娘不該這樣對待老人，是不孝行為。後經詢問，這位「姑娘」已三百多歲，因常服枸杞長生不老。而那位老翁則是她的曾孫，因不食枸杞，顯得老態龍鍾，故被責之。

　　有一次宋代大詩人、書法家黃庭堅到顯聖寺看到一株數百年枸杞，作《顯聖寺庭枸杞》詩贊云：

> 仙苗壽日月，佛界承露雨。
> 誰爲萬年計，乞此一抔土。
> 扶疏上翠蓋，磊落綴丹乳。
> 去家尚不食，出家何用許。
> 正恐落人間，採剝四時苦。
> 養成九節杖，持獻西王母。

　　枸杞全身是寶，其葉、根、果均可食用和入藥，延年益壽。枸杞性平，味甘質潤，是平補肝、腎之藥，有滋陰強陽、補腎生精、益血明目之功效，

因此，腰脊酸痛、精血不能上行的頭暈目眩、迎風流淚等症狀均可應用。《本草匯言》云：「枸杞善治目，能壯精益神，神滿精足，故治目有效。」《本草綱目》云：「（枸杞）花、葉、根、實並用，益精，補氣不足，悅顏色，堅筋骨，黑鬚髮，耐寒暑，明目安神，輕身不老。葉甘涼，除煩、益志、壯心氣、益精解熱、補五勞七傷、去皮膚骨節間風、散瘡腫、去上焦心肺客熱，和牛羊肉作羹益人，忌與乳酥同食。皮甘淡寒，解骨蒸肌熱，消渴皮濕痺，堅筋骨，涼血，挫拌面者熱吞之，去腎家風，益精氣，治金瘡，去下焦肝腎之虛熱。子味甘而潤注，滋而補，不能退熱，止能補腎潤肺，生精益氣，乃平補之藥。」《保壽堂方》亦載：「春採枸杞葉，名天精草；夏採花，名長生草；秋採子，名枸杞子；冬採根，名地骨皮。常食，百歲行走如飛，發黑齒堅，陽事強健。」

因枸杞可延年益壽，菊花也可延齡明目，所以，民間常把枸杞與菊花結合在一起，以「杞菊」並稱，中成藥即有「杞菊地黃丸」，有明目、健身作用。所以，民間在祝壽時常有「杞菊延年」的祝語和吉祥圖案，深受人們的喜愛，更得老年人的歡心。

枸杞作為吉祥物，民間還有用枸杞煎湯洗浴的民俗，傳可袪病驅邪，百病不生。《歲時記》曰：「澡浴除病，正月一日、二月二日、三月三日、四月四日，以至十二月十二日，皆用枸杞煎湯洗澡，令人光澤，百病不生。九月上戌日，採枸杞，十月上亥日制服。」《外臺秘要》也傳：「枸杞酒補虛損，去勞熱，長肌肉，益顏色，肥健人，止肝虛目淚。」宋代大詩人陸游就自種枸杞，並常用枸杞浸酒和用枸杞煎湯喝，其有詩云：「雪霽茆堂鍾磬清，晨齋枸杞一杯羹。」

　　枸杞生命力極強，其子落地即可發芽生根，主要靠種子播種繁殖，同種菜法，也可用其一年生枝扦插，也易成活。春天可採嫩葉做菜吃，其嫩葉十分柔滑，味甘鮮美，還有清熱去火之良效。結果以後，每到秋季，綠葉之間，綴滿一粒粒「紅瑪瑙」，採之曬乾，常食之，可延年益壽。正如宋代大詩人楊萬里《枸杞》詩中所云：

先生釀金煉紅玉，自莎自棘如子何。

金空玉盡苗復出，吃苗吃花並吃實。

天橘救母福壽長
——趣話佛手

　　佛手，聽其名，想來就與佛人佛事有關；觀其形，就給人以吉祥、親切之感。

　　果然如此，傳說佛手為觀音玉手。

　　相傳很早以前，在浙江金華羅店的一座高山之下，住著母子二人，相依為命。母親心地善良，但已年過花甲，得有一種怪病，經常胸悶不舒，喘不過氣來。兒子很是孝順，已 30 多歲，為照顧母親一直未娶親。他見母親整日病痛，心中十分難過，可家徒四壁，無錢請醫生看病。正當兒子焦急無奈之時，一夜他夢見一位美麗姑娘賜給他一隻如仙女玉手一樣的果子，對他說：「此果讓你母聞後便會病癒。」

他興奮地從夢中驚醒，看母親仍病痛依然。他於是決心找到夢中仙女給他的那種果子，他不顧疲勞，翻山越嶺四處尋找。

有一天，他走累了，正坐在金華山上一條小溪邊歇息，忽聽溪邊草叢中有青蛙叫著說：「金華山上有金果，金果能治老母病。明晚子時山門開，大好時機莫錯過。」

第二天夜裏子時，他準時來到金華山門前，果見一棵樹上金果滿枝，金光耀眼。夢中所見的那位美麗姑娘飄然而至，說道：「你的孝心很感人，我今天送你一隻天橘，你母親聞後，病體可以痊癒。」

孝子得了金果天橘後高興異常，速奔回家。他母親聞了這天橘後，很快就消除了胸痛。孝子為了治好更多人的病，便用天橘精心培育成幼苗，讓它長成大樹，再結果子，然後用這果子治好了很多鄉鄰們的胸痛病。後來鄉親們都傳說那位美麗的仙女是救世觀音菩薩，金果天橘很像觀音的玉手，故稱「佛手」。宋代詩人晏殊有《佛手》詩云：

> 丹荵點漆細馨浮，蒼葉輕排指樣柔。
> 香果淨瓶安頓了，還能摩頂濟人不？

佛手確可以治病，有理氣化痰之功效，可治胃病、肋脹、咳嗽等病。《滇西本草》記：「佛手柑性溫，味甘微辛，入肝、胃二經，補肝暖胃，止嘔吐，消胃寒痰，治胃氣疼痛，止面寒痛，和中行氣。」佛手又稱「天橘」，意為上天所賜之果，可以治病。故此，佛手自古就被視為吉祥物。

佛手又名佛手柑、九爪木、佛手香櫞、五指柑、福壽柑等，為枸櫞的變

種。其樹為芸香科常綠小喬木或灌木。佛手是其樹所結的一種果實，冬天成熟，金黃色，形狀如人手，先端開裂，分散如手指，拳曲如手掌，故稱佛手。主要產於中國廣東、廣西、四川、福建、浙江、雲南等地。明代李時珍《本草綱目》云：「枸櫞產閩廣間……其形狀如人手，有指，俗呼為佛手柑。」《花經》曰：「佛手柑本生於暖地，故江南多栽於盆中，及冬入室，以免凍害。葉長三四寸，邊緣稍有鋸齒，端不甚尖，葉腋有尖刺，入夏葉腋發花，白色五瓣。果實至秋熟，外皮鮮黃色，香氣甚烈，書案供清玩，古樸而有雅趣。實又可入藥，有開胃消食之效。」

此外，佛手還可供觀賞，其色橙且有光澤，形狀奇特似手，其花香味持久不散，還可入茶，味香似茉莉花茶。《廣群芳譜》曰：「佛手柑，木似朱欒而葉尖長，枝間有刺，植之近水乃生。其實狀如人手有指，有尺余者……南人雕鏤花鳥，作蜜煎果食，置之几案，可供玩賞。」因此，古人書案雅室多放置，或用其雕鏤成花鳥圖形供賞玩。

佛手形象奇特神異，作為佛的象徵之一，在人們的觀念中首先就給人一種審美和信仰的心理，認為有佛手相助，當然會萬事順利、吉祥如意。所以古人在書房案頭多喜放置佛手。特別是春節時南方人都喜歡送給親朋好友幾個佛手或一盆佛手盆景，祝願吉祥如意、永遠幸福。另外，吉祥圖案「學仙學佛」就是水仙和佛手的圖案，並以佛手代指佛。

佛手作為吉祥物還因「佛」與「福」諧音。古時用以祝福、祈福的祝頌詞「三多」：即多福、多壽、多男子。三多也被稱作「華封三祝」，事見《莊子・天地篇》：堯舜時，堯王遊覽華地，華地人祝堯多福、多壽、多男子。故後世便以三種果品代表三多，以佛手代表多福，以桃代表多壽，以石榴代表

多子，來作祝福的圖案，組合成「多福多壽多男子」吉祥圖案。「三多九如」的祝詞和吉祥圖案也是由佛手、桃、石榴和九個如意組合而成，用來祝壽和祝頌人生幸福吉祥如意。

殷殷紅豆寄相思
——趣話紅豆

紅豆與相思有關，又名「相思子」，為紅豆樹或相思樹的果實。聽其名就知其物與相思有關，定會有一個悲情的故事。果然，《古今詩話》中就記有一個動人的傳說故事。

古時，有一位丈夫出征邊塞，其妻思之。後來得知丈夫征戰而死，妻哭於樹下而卒，在此埋葬處長出一棵相思樹。因哭泣眼淚成血，眼淚滴處化為紅豆，人們也稱其為相思豆。從此，紅豆成為情物，撥動著歷代詩人詞客的情弦，令他們留下諸多寄託相思之情的詩句，最有影響、最動人的當數唐代詩人王維的五絕詩《相思》：

> 紅豆生南國，春來發幾枝。
> 願君多采擷，此物最相思。

該詩正是巧妙地運用了相思子（紅豆）這個動人的傳說故事，通過紅豆這一象徵愛情的信物，寄託了一個女子對丈夫的刻骨思念之情。構思獨特，

語淡意濃，成為睹物思人的佳作。

　　紅豆樹又叫花梨木，是一種常綠喬木，多生長於長江以南。樹高可達 20 公尺以上，樹冠整齊，葉色深綠。紅豆樹開花時期為 4 至 5 月，花為雌雄兩性。9 至 10 月扁平的莢果成熟，豆莢內有鮮紅光亮、豔麗動人的紅豆。紅豆樹開花結果沒有規律，有的幾十年才開花一次，開花後也不一定結果，因此紅豆成為珍貴之品。紅豆樹是國家保護植物，隸屬被子植物門薔薇目科。紅豆樹是優質木材，可以同紅木、紫檀媲美，是製作珍貴傢俱的材質。

　　紅豆（相思樹）在中國生長歷史悠久，早在漢代就有記載，距今已有 2000 多年的歷史。歷代史書亦多有記載。其中《益部方物略記》有：「紅豆葉如冬青而圓澤，春開花白色，結莢枝間，其子累累而綴珠，若大紅豆而扁，皮紅肉白，以似得名，蜀人用為果飣。」《花鏡》亦云：「紅豆樹出嶺南，枝葉似槐，而材可作琵琶槽。」又云：「結實似皂角，來春三月，則莢枯子老，內生小豆，鮮紅堅實，永久不壞。紅豆形似豌豆，微扁，顏色有鮮紅和半紅半黑兩種。」唐李匡《資暇錄》云：「豆有圓而紅，其首烏者，舉世呼為相思子，即紅豆之異名也。」唐代陳藏器《本草拾遺》云：「（紅豆）生嶺南，樹高丈餘，子赤黑者佳。」又傳紅豆稱海紅豆，漢代徐表（又寫為徐衷）《南州記》云：「海紅豆生南海人家園中，大樹而生葉圓，有莢，近時蜀中種之亦成。」

　　明代李時珍《本草綱目》也記有：「相思子生嶺南，樹高丈餘，白色，其葉似槐，其花似皂莢，其莢似扁豆，其子大如小豆，半截紅色，半截黑色，彼人以嵌首飾。」陳淏子《秘傳花鏡》載：「紅豆樹出嶺南，枝葉似槐，而材可作琵琶槽。秋間發花，一穗十蕊，累累下垂，其色豔如桃杏，結實似

細皂角，來春三月則莢枯子老，內生小豆，鮮紅堅實，永久不壞。市人取嵌骰子，或貯銀囊，俗皆用以為吉利之物。」自古以來，紅豆即成為純潔、永恆的愛情的象徵，受到情人的喜愛，成為相思的吉祥物。

紅豆還與牛郎織女的傳說有關。相傳，每年的農曆七月初七牛郎織女才能相見。有一次到了七月七，廣寒宮門前的紅豆樹上莢果落下一顆顆紅豔豔心形的紅豆。織女就拾了幾粒，在與牛郎相會時送給了牛郎，並說：「我的思念之情就在這紅豆中，當你思念我時拿出紅豆就像見到我。」

鵲橋一別，牛郎思念織女時便拿出紅豆，果然睹物如見其人。有一天，善良的織女想，人間青年男女也有思念之情，便把紅豆撒向人間，不久人間也生長出紅豆樹，樹上結出紅豔豔的紅豆。從此，凡是生長有紅豆樹的地方，每逢中秋節時當地的男女青年會聚在樹下，拾樹上落下的紅豆，作為寄情之物互相贈送，寄寓相思之情，使很多有情人終成眷屬。

關於紅豆和紅豆樹的來歷，在中國文化史上也還有一段哀怨而感人的傳說故事。

晉干寶《搜神記》載：「大夫韓馮妻美，宋康王奪之。馮自殺，妻投臺下死。王怒，令冢相望。宿昔文梓木生二冢之端，根交於下，枝錯其中。宋王哀之，因號其木曰相思樹。」另南朝梁任昉《述異記》載：「昔戰國時，魏國苦秦之難。有民從征，戍秦不返，其妻思而卒之。既葬，冢上生木，枝葉皆向夫所在而傾，因謂之相思木。」相思樹為思歸的怨魂所化，其所結之子，相傳為思婦的血淚所染而成紅色，故稱「紅豆」，又名「相思豆」，這與《古今詩話》所記大致相似。

為什麼其種子又稱「相思子」呢？李頎《古今詩話》云：「相思子圓而

紅。昔有人歿於邊，其妻思之，哭於樹下而卒，因以名之。」屈大均《廣東新語》也說：「相傳有女子望其夫於樹下，淚落染樹結為子，遂以名樹云。」這幾個傳說說的都是女子因思念丈夫而死，化為相思樹和紅豆的。這裏紅豆即人，人即紅豆。

紅豆不僅承載著相思之意，而且還有實用價值，可入藥治病。《本草綱目》：「（相思子）氣味苦平，有小毒，通九竅，去氣腹邪氣、止熱悶頭痛、風痰、瘴瘧、殺腹髒及皮膚內一切蟲。除蠱毒，取二七枚研服，即吐出。」紅豆還有祛邪除惡的作用，難怪民間還把它作為吉祥物。

紅豆不僅是吉祥物，還可作紀念物的鑲嵌品，或用來「嵌骰子」，或用來作女性的首飾。

紅豆作為愛情和相思的象徵物，一直受到女性的喜歡和珍重。最珍貴的莫過去用紅豆鑲嵌的「紅豆戒指」。唐代以來，即作為愛情的信物，贈給自己最傾愛、最心儀的情人，用來表達傾慕相思之情，希望愛情純潔永恆。20世紀 30 年代，熱戀中的男女青年就常以互贈紅豆項鍊、手環為時尚，佩戴鮮紅紅豆串成的項鍊或手環，象徵男女心連心，白頭偕老。

南方民俗還有少男少女把紅色彩線串成的紅豆項鍊和手環佩戴身上，意為心想事成；佩戴手上，得心應手；放於枕下，百年好合。常年佩戴還可辟邪，由此人們多互相贈送用紅豆串成的項鍊或手環，以表祝福，增進友誼。

隨著中國繁榮富強，現在旅居海外的僑胞回國後也常帶回去幾粒紅豆珍藏，以寄託對祖國親人的思戀和對祖國的熱愛。這些更加豐富了紅豆的深厚文化內涵。

霜葉紅於二月花

——趣話紅葉

> 遠上寒山石徑斜，白雲生處有人家。
> 停車坐愛楓林晚，霜葉紅於二月花。

霜葉，多指經霜染紅的楓葉。楓即是楓香樹，別名靈楓、丹楓、丹宸、攝攝等。《廣群芳譜》云：「楓，一名香楓，一名靈楓，一名攝攝。江南及關陝甚多，樹高大，似白楊，枝葉修聳，木最堅，有赤、白二種。白者木理細膩，葉圓而作歧，有三角而香，霜後丹，二月開白花，旋著實成毬，有柔刺，大如鴨卵，八九月熟，曝乾可燒。」另據《述異記》載：「南中有楓子鬼，楓木之老者為人形，亦呼為靈楓。」

楓是金縷梅科落葉喬木，樹高可達 40 多公尺，葉互生，小而秀，有鋸齒，分三裂，也有分五裂，狀如鴨掌，入秋經霜，幻為春紅，豔麗奪目，所以古人稱之為丹楓。《說文解字》云：「楓，木厚葉弱枝善搖，漢宮殿多植之。霜後葉丹可愛，故稱帝座曰楓宸，又稱丹宸，即丹楓也。」

楓葉紅於萬木凋零之時，色紅如血，紅紅火火，燦若朝霞，十分瑰麗。古人多吟詩填詞詠之，或抒情，或言志，或繪景，均給人以大美的感受。在眾多詩詞中最膾炙人口之作，當推唐代詩人杜牧的《山行》詩。詩人以明快豪爽的心情，清麗動人的筆調，為我們描畫出一幅夕陽晚照、楓葉如火的秋景圖，透露出詩人一種豪爽向上的情懷，成為千古佳作。宋代趙成德《靈楓》詩云：「山色未應秋後老，靈楓方為駐童顏。」

「只緣春色能嬌物，不道秋霜更媚人。」觀楓葉最媚人、最好的去處，要數南京的棲霞山。每到霜降時節，山上楓林盡染，紅葉猩紅，遊人如織，「棲霞紅葉」已成為南京著名勝景之一。長沙市嶽麓山的紅葉也很有名，山上有「愛晚亭」，原名就稱「紅葉亭」，也稱「愛楓亭」，因取唐代詩人杜牧的「停車坐愛楓林晚」的詩意而得名。毛澤東青年時期就經常在此讀書，還寫下「萬山紅遍，層林盡染」的詩句。此外，蘇州的天平山、襄城的紫雲山、鐵嶺的龍首山、昌黎的碣石山等都有成片的楓林，每當入冬之後，楓林如染、雲蒸霞蔚、燦若紅錦，讓人流連忘返。

秋天紅葉，並非唯獨楓葉經霜染紅，常見的還有槭、烏　、黃櫨等。

槭為槭樹科槭樹屬的植物泛稱。槭葉對生，掌狀分裂，與楓極相似，人們通常把槭屬植物也統稱為楓。《蕭穎士詩序》云：「有槭樹焉，與江南楓形胥類。」槭葉經霜變紅，秀麗嬌豔，甚為美觀。如杭州西湖的夕照山，每當秋天，夕陽西照，霜林盡染，燦若丹霞，別具風韻。

烏　則屬大戟科烏　屬落葉喬木，單葉互生，菱狀卵形，果實球形。果皮可取蠟，果仁可榨油，其油甘涼無毒，可消腫毒瘡疥。根、葉也可入藥，木質堅細。烏　葉比楓葉早紅，宋代詩人陸游就有「烏　赤於楓，園林九月中」的詩句。江浙一帶多有此樹。

黃櫨為漆樹科的落葉灌木，其葉形似一把把小團扇，經霜後呈紫紅色，中國中部和北部地方多有生長。古人多用此葉題詩贈人，相傳唐代的「紅葉題詩」的一段愛情佳話，即由此而來。

據《青瑣高議·流紅記》載：唐僖宗時，一個名叫於祐的書生，一天在皇宮御溝見到一片紅葉順水而流。他拾起一看，上面寫有一首五絕：

　　　　流水何太急，深宮盡日閒。
　　　　殷勤謝紅葉，好去到人間。

　　於祐看了詩，深為宮女的淒清、幽怨之情所動，也在紅葉上題了兩句詩：「曾聞葉上題紅怨，葉上題詩寄阿誰？」放在御溝的上游流入宮中。又恰巧被寫詩的宮女韓翠萍撿到。

　　韓翠萍得到於祐的題詩，又作詩一首題於紅葉上。這樣經過十年的紅葉傳詩，兩人建立了深厚感情。後來，皇帝得知此事，下詔放出三千宮女，讓她們去自擇嫁人。於祐與韓翠萍相見，兩人出示紅葉為證，巧結良緣。兩人欣喜萬分，又在紅葉上題詩一首：

　　　　一聯佳句隨流水，十載相思滿素懷。
　　　　今日雙雙成鸞鳳，始知紅葉是良媒。

　　後來，「紅葉題詩」成為千秋佳話，遂以紅葉代指姻緣巧合、兩情相悅的男女愛情。紅葉不僅成為愛情的信物，還作為美好姻緣和希望的象徵，成為男女青年情緣的吉祥物。

　　秋來黃櫨葉猩紅，最是西山好看時。北京西郊的西山滿山黃櫨，秋天時櫨葉紅遍，燦若紅霞，甚是好看。我們敬愛的陳毅元帥就寫有「西山紅葉好，霜重色愈濃」的詩句，借西山紅葉來抒發革命豪情壯志。現在，每年農曆九月九日老人節時，很多老人都喜歡把登西山觀紅葉，作為一項有益活動，既鍛鍊身體，呼吸新鮮空氣，又觀賞了西山的美景。

　　為什麼秋天楓、槭、烏、黃櫨等這些樹的葉子經霜會變紅呢？原來在樹葉中，除了含有葉綠素外，還含有黃色的葉黃素和含有紅色的花青素。春夏氣候暖和時，葉綠素大量生成，其它色素生成少，所以樹葉呈綠色。進入秋季，氣溫下降，葉綠素生成慢了，其它色素便活躍起來，特別是花青素低溫時更容易生成。於是，含有葉黃素和胡蘿蔔素的葉子就會變為黃色，含有花青素的葉子就變為紅色。因為楓、槭、烏等這些樹葉含有較多花青素，所以經霜後，就變成紅色的了。但是，也不是所有的楓葉經秋都能變紅，也還有很多不變色的。另有一種觀賞小楓樹，一年四季葉子都是紅色，稱為春紅楓，十分鮮豔可愛。也還有一種楓，春天葉為紅色，夏天變綠，到了秋季又變紅，更是奇巧。

　　中國人一向崇尚紅色，喜愛紅色。紅色象徵喜慶、歡樂、幸福，因為紅葉豔麗無比，猩紅似錦，民間即把紅葉作為吉祥物，與愛情、婚姻等聯繫起來。

　　據《周書・武帝紀》載：「天和二年七月辛丑，梁州上言鳳凰集於楓樹，群鳥列侍以萬數。」並相傳楓木為蚩尤所棄的桎梏所變，很有靈氣，故稱靈楓。《爾雅疏》上也記有：「楓生江南，有寄生枝，高三四尺，生毛，一名楓子鬼，天旱，以泥泥之即雨。」更神奇的是《南方草木狀》中記有：「五嶺之間多楓木，歲久則生癭瘤，一夕遇暴雷驟雨，其樹贅暗，長三五尺，謂之楓人。越巫取之作術，有通神之驗。」

　　民間人們還把紅葉作為愛情和婚姻和美的象徵。古代傳楓可連理，《南齊書・祥瑞志》記有：「建元二年九月，有司奏上虞縣楓樹連理兩根，相去九尺，又枝均聳，去地九尺，合成一干。」

漢代時，此木多植於宮中，所以還稱為楓宸。《西京雜記》中記「上林苑楓四株」。《晉宮閣名》記「華林園楓香三株」。可見古人對楓木紅葉的重視。當然，這些古人記載不必盡信，但楓葉紅豔，鋪錦列繡，可愛誘人，確是既實用而又可供觀賞的佳木。

<h2>清明家家插楊柳</h2>

——趣話柳樹

春二三月，大地春回，萬物復蘇，柳樹作為春的使者，最早向人們傳遞春的信息，也最早給人們送來吉祥如意的喜訊，所以受到人們的青睞和喜愛。

柳，又稱楊柳。《本草綱目》云：「弘景曰：柳即今水楊柳也。藏器曰：江東人通名楊柳，北人都不言楊。楊樹枝葉短，柳樹枝葉長。」李時珍在書中進一步解釋曰：「楊枝硬而揚起，故謂之楊；柳枝弱而垂流，故謂之柳，蓋一類兩種也。」又云：「楊柳，縱橫倒順插之皆生。春初生柔荑，即開黃蕊花。至春晚葉長成後，花中結細黑子，蕊落而絮出，如白絨，因風而飛。」《埤雅》亦云：「柳與楊同類，雖縱橫顛倒，植之皆生。」《廣群芳譜》中亦云：「柳易生之木也，性柔脆，北土最多，枝條長遠，葉青而狹長，其長條數尺或丈餘，嫋嫋下垂者名垂柳，木理最細膩。唐曲江池畔多柳，號為柳衙，謂成行列如排衙也。柳條柔弱嫋娜，故言細腰嫵媚者，謂之柳腰。」

柳，在古代作為吉祥物又稱作瑞柳。唐代郭炯和陳詡均作有《瑞柳賦》，

贊柳為「神靈乘化而致理，枯朽效祥而發生」。柳樹在中國栽植歷史悠久，早在《詩經》中就多處寫到。

柳樹作為吉祥物，有傳源於佛教。據佛教經典《灌頂經》載：「禪拉比丘曾以柳枝咒龍。」佛教故事中，南海觀音就是一手托淨瓶，一手拿柳枝，以柳枝蘸淨瓶中的水向人間遍灑甘露，以祛病消災。受此影響，民間便以柳為驅邪消災的吉祥物，稱柳為「鬼怖木」。南北朝時，民間已有門上插柳和頭上戴柳的習俗。北魏賈思勰《齊民要術》曰：「正月旦取柳枝著戶上，百鬼不入家。」到唐朝時，又演變成為寒食節時插柳和戴柳圈驅邪避毒的習俗。

五代時，清明節家家門楣上插柳之風已興。北宋詩人楊徽之在《寒食寄鄭起侍郎》詩中有：「清明時節出郊原，寂寂山城柳映門。」

到了明、清時代，插柳之風依然盛行，並賦予了更多的文化內涵。如以插柳來占年成是否水旱、預測當年豐歉，插柳還可明眼等。清人顧祿在《清嘉錄》中記載：清明節時，江南各地大街小巷出售楊柳的叫賣聲不絕於耳，家家門上插柳，農人以插柳日晴雨來占卜水旱，晴則主旱，雨則主水。故民間有諺語曰：「簷前插楊柳，農夫休望晴。」在江浙一帶，不僅門簷插柳，還有男女和兒童把柳枝編成環或捋成柳球戴於頭上的風俗。明代田汝成《西湖遊覽志餘・熙朝樂事》載：清明之日，家家插柳滿簷，青翠可愛。不僅房前插柳，而且男女均戴柳冠或柳葉環。當時有民諺說：「清明不戴柳，紅顏成皓首。」這裏清明戴柳，以示青春永駐、紅顏不衰。特別是婦女戴柳，有對青春年華的珍惜和留戀之意。此外，還有民諺曰：「清明不戴柳，來生變豬狗。」「清明不戴柳，死在黃巢手。」相傳黃巢起義之日為清明節，以戴柳圈為號，

因此，民間流行此諺。近人楊韞華有《山塘棹歌》記江南農村插柳戴柳的風俗：

清明一霎又今朝，聞得沿街賣柳條。

相約比鄰諸姊妹，一枝斜插綠雲嬌。

直至今日，清明節插柳、戴柳之風俗在江南仍有流行。

柳作為吉祥物與「折柳贈別」的風俗也有關。相傳，古代人送行離別時，都要折柳枝贈別，以表示難分難別、依依不捨的心意。這種習俗最早源於《詩經・小雅・采薇》：「昔我往矣，楊柳依依。」據《三輔黃圖・橋》載：「灞橋在長安東，跨水作橋，漢人送客至此橋，折柳贈別。」相傳，漢代時長安灞橋兩岸，堤長十里，一步一柳，凡從長安離去的人多在此地折柳贈別親人。因「柳」與「留」諧音，以表示依依不捨的挽留之意。另外，柳是春的標誌，每當春天一來，它最早鵝黃吐綠，給人以「春之友」之感，所以蘊含有欣欣向榮、春意盎然、友誼永存之意。

折柳贈別，一是表達依依不捨的情誼；二是表達對朋友、親人的祝福和祝願；三是表達友誼永存的思念之情。漢代就有首曲子叫《折楊柳》，是抒寫離愁別恨的，人聽了都會觸動離情別緒，多情的詩人更不用提了。所以唐代大詩人李白在《春夜洛城聞笛》詩中寫：「此夜曲中聞折柳，何人不起故園情。」唐代詩人王瑳《折柳楊》詩云：「攀折思為贈，心期別路長。」唐人隋杜之的《詠柳》詩：「不辭攀折苦，為入管絃聲。」

柳作為吉祥物還與它有頑強的生命力和多種用途有關。人們常言：「有

意栽花花不活，無心插柳柳成蔭。」就是說柳樹極易成活，隨意折一柳枝，插於河畔溝邊都可長成大樹。

柳還是一種可治多種疾病的良藥。柳芽泡菜可明目、去眼疾、消炎，柳絮可敷傷止血。南朝名醫陶弘景還有「柳葉煎水可洗瘡」之說。明代李時珍《本草綱目》云：柳根治黃疸、白濁，農民還用柳葉治刀傷等。柳木用途更廣，是做傢俱和建築的極好用材。

柳樹這麼多功用，當然會受到人們的喜愛。而且，也得到歷史上很多名人的青睞。歷史上最喜歡柳樹的當數陶淵明瞭。他還有一篇自傳體散文《五柳先生傳》，文中曰：「宅邊有五株柳樹，因以為號焉。」他用柳樹來寄寓自己安貧守拙、不慕榮華、安於清貧的高風亮節，並自號「五柳先生」。他一生也寫有大量詠柳詩。其《擬古九首》中云：「榮榮窗下蘭，密密堂前柳。」《歸園田居寺》詩云：「榆柳陰後簷，桃李羅堂前。」

此外，唐代柳宗元先生也愛柳、種柳。這裏還有一段他與柳的故事。唐憲宗元和九年（814年）夏，柳宗元因改革失敗，再度遭貶到蠻荒之地柳州任刺史。

他剛到任，柳江洪水氾濫，江堤險情不斷，嚴重威脅著柳州城。他不顧路上疲勞，一到柳州就親自上堤督率抗洪，加固江堤，保住了柳州。此後，他提出了修堤和栽樹並舉的方針。因柳樹易成活，生長快，他主張種柳樹護堤。當時有人就以這種平淡無奇的柳樹來諷刺他人品不高。柳宗元便以《種柳戲題》詩為答：

柳州柳刺史，種柳柳江邊。

談笑爲故事，推移成昔年。

垂陰當覆地，聳幹會參天。

好作思人樹，慚無惠化傳。

柳宗元不僅不改變堤上種柳的主張，還熱情地讚美柳樹的這種高尚而平凡的品格。柳州人民按照柳宗元的倡議在堤上廣種柳樹，後來，柳堤上的柳樹在護堤防洪中立了大功，而且柳江邊的垂垂柳蔭已成為柳州一大遊覽景觀。今天，人們漫步在柳江邊柳堤上柳樹下時，都會想到這位柳宗元先生。

說到柳樹，不能不提到「左公柳」。左公柳是由近代名人左宗棠而得名。

清同治七年（1868 年），左宗棠任陝甘總督時，率湖湘子弟兵，不僅平定了阿古柏的叛亂和沙俄入侵，而且大力提倡修路和植樹。從同治七年至同治十一年（1872 年），他督率軍士在潼關到蘭州間修了一條寬闊的驛道，並在路旁栽上 1 至 4 行極易成活的柳樹，據統計有 264000 餘株，一時城鎮、鄉村、兵營種柳蔚然成風。

光緒元年（1875 年），左宗棠又以欽差大臣的身份率部西徵收復失地。所收復之地，他督辦修路並栽上柳樹。這樣，從西安，經蘭州，抵新疆烏魯木齊，直到邊陲伊犁，修了三千里驛道，並在驛道兩邊均栽上柳樹，使少樹的大西北彩繪出一條翠綠的綠色通道和絲綢之路。這在當時是難以想像的，一般人也是難以做到的。西北人民為紀念左宗棠的功績，把柳樹尊稱為「左公柳」。清代陝甘總督楊昌濬還專門作了一首《左公柳》詩記之：

上相籌邊未肯還，湖湘子弟滿天山。

新栽楊柳三千里，引得春風度玉關。

嫩葉蔥蔥不染塵
——趣話國槐

在中國，把槐樹作為吉樹、瑞樹由來已久。中國民間俗言云：「門前一棵槐，不是招寶，就是進財。」可見民間人們對槐樹的良好印象。所以，世人在房前和庭院多喜植槐，以討吉兆祥瑞。清陳淏子《花鏡》中即云： 「人多庭前植之，一取其蔭，一取三槐吉兆，期許子孫三公之意。」也就是說，人們種槐的目的一是為了取陰涼，更重要的是祈願子孫列三公高官之位。所以槐象徵著三公的高官之位，被尊為吉祥物。

說起庭前植槐，這就不能不說到「三槐王家」的典故。據《宋史·王旦傳》載：王旦的曾祖父為唐朝縣令，祖父為後唐左拾遺。王旦的父親王祐任尚書兵部侍郎，為國家的重臣。他曾在自家庭院親手植三棵槐樹，並祝願說：「吾之後世，必有三公者，此其所以志也。」有人曾取笑他，後來他二兒子王旦果在宋真宗時做了宰輔大臣。北宋大文豪蘇軾還為此撰寫《三槐堂銘》，一時廣傳天下，並作為典故傳了下來。故後人亦多仿作，喜在庭前植槐，期望槐蔭及子孫後輩，位居高官。如宋代都城的學士院第三層廳的院中就有一棵古槐，被稱作「槐廳」。當時傳說學士只要在此廳居住過，就可以入相，很多學士都爭著居槐廳。此外，古代還有「槐里」、「槐市」、「槐衙」等稱謂。唐武元衡有《酬談校書》詩云：「蓬山高價傳新韻，槐市芳年挹盛名。」

就是記「槐市」的，後來還把槐樹名為「守宮槐」。自古以來，人們均喜在庭院植槐，一來取蔭，二來象徵吉兆。

因槐為吉祥物，槐文化也一直傳承下來。如中國現代著名畫家、金石家陳師曾就曾以「槐堂」為號。中國著名學者、紅學家俞平伯先生就把故居稱「古槐書屋」，把他所寫的幾本散文集命名為《槐屋夢尋》、《古槐夢遇》等。

古代還有「三公面三槐」的禮法，此禮制始於周朝。西周時，宮廷王門多種三槐九棘，傳說這一禮制是由太公姜尚宣導。朝廷開會時，公卿士大夫要據此排列座次。公卿士大夫分坐其下，左九棘為卿大夫之位，右九棘為公侯伯子男之位，面三槐為三公高官之位。所以這就有了「三槐九棘」之說，故後世常以三槐借喻三公一類的高官。古代宮中和民間庭院多植槐，即有期望子孫居三公高官之意。

由於槐樹與子孫興旺發達有關，民間習俗中也用於祈子。舊時山東、山西民間就有讓不懷孕的婦女吃槐子的民俗，即取其諧音可「懷子」。正如古書云：「槐，懷也。」這當然沒有科學道理，但槐子確實有強身明目、延年益壽之功用。高濂《遵生八箋》云：「每日吞一枚，百日身輕，千日白髮自黑，久服通明。」《顏氏家訓》中就記有：「庾肩吾常服槐實，年七十餘，髮鬢皆黑，目看細字，亦其驗也。」明李時珍《本草綱目》云：「按《太清草木方》云：槐者虛星之精。十月上巳日採子服之，去百病，長生通神。」不僅槐子用途廣，槐樹一身也都是寶。樹可遮陰，木為良材，花可欣賞，還可食用。人們把它作為吉祥物是當然的了。

一提到槐樹，人們可能自然會首先想到刺槐，我們常吃到的「槐花蜜」就是指的刺槐蜜。刺槐又稱洋槐，在中國栽植的歷史較短，在清光緒二十三

年（1897 年）德國侵佔中國青島後才引入中國。因由德國人引入，當時又稱為德國槐。它原產於美國東部，因其生長快，適應性強，現在中國各地多有栽種。

我們所說的槐樹是指國槐，又稱中國槐，是中國特有的一個樹種，具有獨特的民族意蘊，在中國栽植已有 3000 多年的歷史。早在中國上古時的一部百科奇書《山海經》中就有記載：「首山其木多槐。條谷之山，其木多槐、桐。」《管子·地員》上亦云：「五沃之土宜槐。」另外，在《周禮·秋官》中也有記載：「朝士掌建邦外朝之法，面三槐，三宮位焉。」注解曰：「槐之言懷也，懷來遠人於此，欲與之謀。」《春秋》亦曰：「樹槐聽訟其下。」可見，槐樹在中國歷史古老、高貴，並與朝政、司法也都聯繫在一起。因此，中國古代詩人對槐樹也多有吟詠。唐代大詩人杜甫《槐葉冷淘》詩云：「青青高槐葉，採掇付中廚。新面來近市，汁滓宛相俱……」可見，早在唐代時，人們就已採槐樹嫩葉，經浸泡除澀，冷淘後食用。

由於槐樹在中國栽培歷史較長，加之適應性強、壽命長，所以又稱長壽樹，常與松、柏並稱。民間俗語就有：「千年松，萬年柏，頂不上老槐歇一歇。」由於槐樹壽命長，在中國各地都有生長幾千年的古槐，仍鬱鬱蔥蔥，生機勃勃。如山西太原的晉祠內就有周柏、隋槐數株，被譽為「晉祠三絕」。陝西岐山縣城北鳳凰山的周公廟周圍的古柏、古槐，相傳均為漢、唐遺物。甘肅五泉公園有唐槐數棵。北京北海公園有棵唐槐已千餘年，清康熙皇帝親筆題為「古柯庭」。河南虞城的花木蘭祠院內的唐槐仍蒼勁鬱鬱。甘肅成縣東北的杜甫草堂內仍有宋、明年間所栽的古槐。山東泰山斗母宮處有一明代的古槐，盤龍虬枝，臥地而生，遠觀之如臥龍翹首，人們稱其為「臥龍槐」。

　　古槐還多與古人相聯繫，生出很多神奇的故事和情趣。在河南封丘縣陳橋鎮東嶽廟有一棵「繫馬槐」，相傳是宋太祖趙匡胤當年陳橋兵變時在此槐樹下係過馬，故稱。更奇的是在雲南建水縣孔廟裏還有一棵千年的青松抱槐，當地戲稱為「青哥抱妹」，多有情趣，多麼浪漫。無獨有偶，在山東曲阜孔府後花園內也有一棵「五君子松」抱有一槐樹，人們稱為「五松抱槐」。在山東鄒縣孟廟內還有一棵古柏中生一槐樹，人們稱為「柏抱槐」，堪稱一奇。

　　關於國槐，歷史上還有很多神奇、美妙的故事。

　　據《左傳》載：春秋時，晉靈公不理朝政，大臣宣子多次勸告他。晉靈公不僅不聽，還非常討厭他，就派了一個叫麑的人去行刺他。麑一大早就趕到宣子家，看見宣子已穿好朝服又準備上朝去勸晉靈公。麑見宣子這樣認真執著，不禁歎息說：「他為了勸告晉靈公，這麼認真，這真是老百姓的好官。我要是刺殺了他，我就是不忠於國事的人了。但是我不刺殺他，又違背了國君的旨令，我又是個不守信用的人。忠、信二字，有一個做不到，那就不如死了。」他左思右想，不好處理，便撞死在庭外一棵槐樹上。

　　在唐李公佐的《南柯太守傳》中講有一個著名的「南柯一夢」故事。唐代廣陵郡有個叫淳于棼的人，其宅南有株大槐樹。一天，他醉酒在樹下入睡，忽見兩個紫衣使臣說是槐安國王來請他，招他為駙馬。公主名瑤芳，美麗無比。並任命他為南柯郡太守，享盡榮華富貴。

　　後來國王命他率師出征，打了敗仗，公主也因病而死。淳于棼回到京師後，國王不再信任他，遣他回鄉。他突然夢醒，原來仍睡在大槐樹下，並發現槐樹下一個大螞蟻洞，正是他夢中的槐安國都。他不禁感歎道：「南柯之浮虛，怪人生之倏忽……」後來人們把人生榮枯得失比喻像南柯夢一樣無常虛

浮、不可捉摸。

梧桐葉落盡知秋
——趣話梧桐

中國有一句俗語：「種下梧桐樹，引來金鳳凰。」加之「家有梧桐招鳳凰」的傳說，所以梧桐樹成為人們喜愛的吉祥樹。

梧桐可引鳳之說，早在《詩經・大雅・卷阿》有云：「鳳凰鳴矣，于彼高岡。梧桐生矣，于彼朝陽。」鄭玄箋曰：「鳳凰之性，非梧桐不棲。」宋代邵博《邵氏聞見後錄》亦云：「梧桐百鳥不敢棲，止避鳳凰也。」由於梧桐可引鳳凰，故美稱梧桐為「引鳳樹」，稱其樹枝為「鳳條」。唐代段成式《酉陽雜俎》云：「歷城房家園……曾有人折其桐枝者。公曰：『何謂傷吾鳳條？』自居人不敢復折。」

鳳凰為神鳥，百鳥之王，鳳凰所棲之梧桐樹當然也就更神奇了。後世遂賦予桐以許多吉祥瑞兆的寓意。把梧桐作為吉祥的象徵，多喜在庭院道旁種植。

梧桐是桐樹的一種，品種較多，有青桐、白桐、黃桐、紫桐、泡桐、油桐等。原產於中國，古代又名櫬。陸璣在《毛詩草木蟲魚疏》中說：「桐有青桐、赤桐、白桐，宜琴瑟。」李時珍《本草綱目》云：「梧桐名義未詳，《爾雅》謂之櫬。」其中李時珍還詳細介紹說：「梧桐處處有之，葉似桐而皮青不皺。其木無節直生，理細而性緊……羅願《爾雅翼》云：梧桐多陰，青皮白

骨，似青桐而多子。其木易生，鳥銜子墜地即生，但晚春生葉，早秋即
凋……《齊民要術》云：梧桐生山石間者，為樂器更鳴響也。」

　　梧桐在中國栽植歷史悠久，早在《詩經》、《莊子》、《孟子》、《淮南子》
等古籍中就多有記載。梧桐樹因其皮色青翠，又稱青桐。其樹主幹挺拔秀
麗，樹冠如傘濃鬱，樹皮色綠青翠，樹葉有缺如花，綠蔭如蓋，清雅華淨，
是一種高雅的觀賞樹。《群芳譜》記云：「（梧桐）皮青如翠，葉缺如花，妍
雅華淨，賞心悅目，人家齋閣多種之。」《長物志》亦云：「青桐有佳蔭，株
株如翠玉，宜種廣庭中。」此外再加上梧桐與鳳凰的聯繫，歷代詩人多有歌
詠。唐代大詩人白居易《雲居寺孤桐》詩云：「一株青玉立，千葉綠雲委。亭
亭五丈余，高意猶未已……」宋代詩人王安石也寫有《孤桐》詩，云：

　　　　　天質自森森，孤高幾百尋。
　　　　　凌霄不屈己，得地本虛心。
　　　　　歲老根彌壯，陽驕葉更陰。
　　　　　明時思解慍，願斫五弦琴。

　　該詩可以說是詩人的自我寫照。詩人緊扣梧桐樹的特點，表明了自己剛
直不阿的性格。特別是最後兩句，寄託了自己的理想，意思為在政治清明之
時，願自己能被做成五弦琴，伴奏《南風歌》，以解除老百姓心中的怨憤。此
語典出《孔子家語·辨樂篇》，相傳虞舜曾彈五弦琴唱《南風歌》，其中有兩
句為：「南風之薰兮，可以解吾民之慍兮。」

　　梧桐木自古為制琴的良材，所以與琴有著密切聯繫。《論衡》中就記有：

「神家黃帝削梧為琴。」《風俗通》亦記有:「梧桐生於嶧山陽岩石之上,採東南孫枝為琴,聲甚清雅。」據《後漢書·蔡邕傳》和晉代干寶的《搜神記》載:漢靈帝時期,陳留人蔡邕,因上奏被貶到吳地,見有人在用桐木燒火,蔡邕聽到桐木被燒的爆裂聲後說:「這是制琴的良材啊!」立即從火中取出已被燒焦的桐樹,用這塊被燒焦的桐木製成琴後,聲音特別優美動聽。因用這段被燒焦的桐木所制的琴稱「焦尾琴」,故後來詩詞中,便用焦桐、焦尾梧桐來代表琴。

桐木為什麼為制琴良材呢?誠如陳翥《桐譜》云:「桐之材,採伐不時而不蛀蟲,漬濕所加而不腐敗,風吹日曬而不坼裂,雨濺污泥而不枯蘚,幹濕相兼而其質不變,楠雖壽而其永不敵,與夫上所貴者卓矣。」元人楊載還專門寫有一首《焦桐》詩:「誰使煤焦釜,誰為愛古琴。有材不足恃,愁絕念知音。」詩中所說的知音愛古琴,即是指蔡邕識材,用梧桐木製琴的故事。

人們視梧桐為吉樹,其身世確實不凡,據《王逸子》云:「扶桑梧桐松柏,皆受氣淳矣,異於群類者也。」它還與聖君政和識賢有關。《瑞應圖》曰:「王者任用賢良,則梧桐生於東廂。」故後世人又稱其為靈樹。

此外,梧桐還「知歲時」。《花鏡》云:「此木同喜能知歲時,清明後桐始華,桐不華,歲必大寒。立秋是何時,至期一葉先墜,故有『梧桐一葉落天下盡知秋』之句。」宋代司馬光有《梧桐》詩云:「初聞一葉落,知是九秋來。」

更有趣的是「梧桐知閏」。《花鏡》云:「(梧桐)每枝十二葉,一邊六葉,從下數一葉為一月,有閏則十三葉。視葉小處,即知表達閏何月也。」由於梧桐為吉樹、靈樹,後來賦予梧桐很多吉祥佳瑞的寓意,用來表喜慶、

康樂的意思。如把條件較好的男方找到賢美配偶，或某企業用優惠待遇招來人才，都稱為「栽下梧桐樹，引來金鳳凰」。關於梧桐引鳳，民間剪紙和雕刻繪畫也多有運用，民間取「桐」與「同」音同，以諧音取意，把一隻喜鵲蹲在梧桐上報喜的圖案稱為「同喜」。民間所繪鳳凰也多以桐樹為背景，寓意金桐棲鳳。

在中國的道路旁和公園裏，人們還常見到一種廣泛栽植的法國梧桐。其實，法國梧桐既非產於法國，也不屬於梧桐科，它實際是一種懸鈴木，在英國倫敦雜交培育而成。20世紀初法國人在上海法租界霞飛路（現淮海路）作行道樹，因其枝條舒展，濃蔭如蓋，不染煙塵，讓行人悅目怡情，其葉狀似梧桐葉，故稱其為法國梧桐。後來人云亦云，以訛傳訛，一直誤傳下來，並流傳於世。

嘉名端合紀青裳
——趣話合歡

合歡為豆科落葉喬木，因其花暮合晨舒的特徵，故又名夜合、夜關門、合昏、合婚；又因其花形似絨絨的馬纓，《畿輔通志》上稱其為「馬纓」；《植物實名圖考》稱其為「絨樹」。此外，合歡還有宜身、蠲忿、有情樹、青裳等美稱。

為什麼該樹會有這麼多好聽的名字呢？查歷代史籍始知，早在《本草就真》中云：「合歡，因何命名，謂其服之臟腑安養，令人歡欣怡悅，故以歡

名。」《廣群芳譜》云：「花色如醮暈線，下半白，上半肉紅，散垂如絲，為花之異品。葉纖密圓而綠，似槐而小，相對生，至暮而合。」《本草匯言》云：「主和合歡樹緩心氣，心氣和緩，則神明自暢而歡樂無比，如俗語云：萱草忘憂，合歡蠲忿。」

　　關於合歡樹名的得來，歷史上還有一個動人心魄的故事。傳說4000多年前，虞舜帝南征時在古蒼梧而亡，他的兩個妃子娥皇和女英聽說後，遍尋湘江，終日相對慟哭，淚流成血，淚灑竹上，成為斑斑淚痕，這便是後來的「湘妃竹」。娥皇與女英整日哭泣，淚化成血，血盡而死。虞舜帝與兩妃的精靈相合而成合歡樹，枝枝相依連，翠葉相對生，朝開夜合，相親相愛。

　　由於合歡的這一美好傳說，從此便賦予了它以夫婦相合的吉祥寓意，並滲入中國婚姻文化中。在中國古代婚姻「六禮」的納采禮中，先秦時用雁。從中國漢代開始，納采之禮又有了「合歡杯」，為婚禮時新郎、新娘喝交杯酒時所用，用來象徵新婚歡樂美好，夫妻和美偕老。唐代宋之問就有詩云：「莫令銀箭曉，為盡合歡杯。」婚聯上也有：「並蒂花開連理樹，新醅酒進合歡杯。」此外，還有合歡結、合歡帽、合歡被、合歡錦、合歡梁等。據《說郛·戊辰雜鈔》載：「女初至門，婿去丈許迎之，相者授以紅綠連理之錦，各持一頭，然後入，俗謂之通心錦，又謂之合歡梁，言夫婦至此相通如橋樑也。」這就相當於現在新婚夫婦入洞房時，男女各牽一端的紅綢。

　　合歡作為吉祥物的另一深刻內涵是可宜身、蠲忿。《花鏡》云：「合歡，一名蠲忿，能令人消忿。」《廣群芳譜》云：「（合歡）一名宜身……使人釋忿恨，安和五臟，利心志，令人歡樂。」崔豹《古今注》亦云：「欲蠲人憂，則贈人以丹棘，丹棘一名忘憂；欲蠲人忿，則贈人以青裳，青裳合歡也。植

之庭除，使人不忿。」《女紅餘志》也曾記有：「杜羔妻趙氏每端午取夜合花置枕中，羔稍不樂，輒取少許入酒，令婢送飲，便覺歡然。」這些都說明了合歡有調節神經系統的功能，可以讓人蠲忿而歡樂，讓人歡樂當然就宜人身心健康。就藥用價值來說，合歡確有利心志，安五臟，令人歡樂無憂之功效。《神農本草經》中早有記載：「合歡味甘、平，主安五臟，利心志，令人歡樂無憂。久服輕身明目，得所欲。」此外，合歡還有安神活絡，舒鬱理氣，治療鬱結胸悶、失眠健忘、風火眼疾，活血消腫止痛等作用。

合歡在中國早有栽植，已有 4000 多年歷史。由於樹形美觀，花形似馬纓，如雲似霞；葉暮合晨舒，翠綠相對，枝互相交結，緊密相連。再加之有和美婚姻、令人歡樂、有益身心等吉祥文化內涵，更深得人們喜愛，喜在庭院種植，得到歷代文人墨客的廣泛贊詠。

根據其美麗傳說，《和漢藥考》中不僅稱其為「有情樹」，又美稱為「青裳」，並有詩贊云：

翠羽紅纓醉夕陽，錦衣緋雲鬱甜香。

深情何限黃昏後，一樹馬纓夜漏長。

合歡，正像一座情人橋，把有情人緊密地聯結在一起；合歡，正像一支蠲忿劑，讓人歡樂忘記憤恨；合歡，正像一杯健身酒，讓人身心永久健康。合歡，你不愧嘉名，你是一棵吉祥樹，給人們送來歡樂、美滿、幸福、健康！

靈椿易長且長壽
——趣話椿樹

峨峨楚南樹，杳杳含風韻。
何用八千秋，騰淩詫朝菌。

　　這是宋代詩人晏殊所寫的《椿》詩，讚頌椿之長壽達八千秋。《莊子‧逍遙遊》記有：「上古有大椿者，以八千歲為春，八千歲為秋。」民間亦有俗言：「千年槐萬年椿。」可見，椿為長壽之木。故人們常以椿齡、椿壽、椿年為祝賀老人長壽之詞。古時祝壽聯常以椿入聯，如「大椿常不老，叢桂最宜秋」，「筵前傾菊釀，堂上祝椿齡」，「椿樹千尋碧，蟠桃幾度紅」。古代詩人也常以椿長壽來贊詠。唐錢起《柏崖老人》詩：「帝利言何有，椿年喜漸長。」宋代詩人蘇軾有《椿》詩：「從今八百歲，合抱是靈椿。」

　　椿樹長壽，人們常以椿來喻嚴父。明代王世貞《藝苑巵言》云：「今人以椿萱擬父母，當是無人傳奇起耳。」是說從元代開始，人們就以椿樹來比擬父親，用萱草來比擬母親。其實，唐代詩人牟融《送徐浩》詩也早有此說：「知君此去情偏切，堂上椿萱雪滿堂。」古代還以靈椿來代稱父親。《宋史‧寶儀傳》載：五代後周竇禹鈞五子相繼登科，馮道贈詩有「靈椿一枝老，丹桂五枝芳」。此外，「椿庭」也代稱父親，相傳是由孔鯉（孔子的兒子）趨庭接受父訓而來。明代朱權《金釵記》傳奇中也有：「不幸椿庭殂喪，深賴萱堂訓誨成人。」這裏也正是以椿庭、萱堂來代稱父母。

　　椿因其長壽，古人又稱靈椿，被視為吉祥物。民間還流傳有一個傳說：

很久很久以前，椿樹名叫春神，因犯了天上的規矩，被玉皇大帝貶為一棵矮樹扔進洪水中。人類發現後把它救起，並把它種在地上成活。椿為了報答人類的救命之恩，所以既長得快，又高大挺拔。玉皇大帝也受感動，便封椿為「椿樹王」，並讓它每年除夕夜顯靈一次，讓矮子變高，來感謝人類。在北方一些地方，除夕之夜有摸樹長高的習俗。山東魯西南民俗：有身材低矮、長得慢的孩子，在除夕晚上繞椿樹王轉幾圈即可長高。河南汝陽等地也有民俗認為要想孩子長得快，初一早上抱著椿樹王，並口中念著：「椿樹王，椿樹王，你長粗來我長長。」俗信孩子在新的一年裏會萬事如意，健康成長。明李時珍《本草綱目》上就記有：「椿橗易長而多壽考。」以上習俗就是因為椿樹易長並長壽之故，所以，民間把椿作吉祥物來敬重看待。

椿樹品種不太多，有香椿、臭椿之分。據《廣群芳譜》解釋：「香者名椿，臭者名橗，二木形幹相類。椿木實而葉香，橗木疏而葉臭。無花木，身大，幹端直者為椿；有花木，身小，幹多迂矮者為橗，乃一類兩種者。」我們常說的椿是指香椿。香椿，《集韻》作 ，《夏書》作杶，《左傳》作櫄，今俗名香椿。《本草》陳藏器云：「（香椿）俗呼為豬椿，易長而有壽，南北皆有之，木身大而實，其幹端直，紋理細膩，肌色赤，皮有縱紋易起，葉自發芽，及嫩時，皆香甘，生熟鹽醃皆可茹，世皆尚之，無花。」而臭椿，雖屬椿類，因「氣臭，俗名臭椿，一名虎目樹，一名大眼桐，皮粗，肌虛而白。其葉臭惡，荒年人亦採食……」《本草綱目》亦云：「北人呼為山椿，江東呼為虎眼，謂之脫處有痕，如虎之眼目，又如橗蒲子，故得此名。」

椿、橗在中國歷史悠久，《山海經》曰：「成侯之山，其上多 木。」「丹燻之山，其上多橗柏。」《詩經・豳風》：「採荼薪橗。」《詩經・小雅》：「我

行其野，蔽芾其樗。」

　　椿、樗在中國大江南北均有種植，且不擇土質。其樹生長較快，高大挺拔，木質細密，是建築和做傢俱的良材。

　　香椿，春天剛冒幼芽時，嫩葉可炒菜吃，風味獨特，是待客的上等菜。《花木考》曰：「採椿芽，食之以當蔬。」金代詩人元好問有「溪童相對採椿芽」之詩句。香椿還有驅蚊蟲的功效。民間俗信：香椿樹一般是不開花的，如果香椿開花，人們可以采香椿花入藥。又傳椿樹花不能沾土，落在地上就看不見了。椿樹開花時必須上樹去摘，摘後陰乾保存。其花不僅可以治病，還可延年益壽、健體。

　　椿、樗在中國大江南北均有種植，且不擇土質。其樹生長較快，高大挺拔，木質細密，是建築和做傢俱的良材。

　　香椿，春天剛冒幼芽時，嫩葉可炒菜吃，風味獨特，是待客的上等菜。《花木考》曰：「採椿芽，食之以當蔬。」金代詩人元好問有「溪童相對採椿芽」之詩句。香椿還有驅蚊蟲的功效。民間俗信：香椿樹一般是不開花的，如果香椿開花，人們可以采香椿花入藥。又傳椿樹花不能沾土，落在地上就看不見了。椿樹開花時必須上樹去摘，摘後陰乾保存。其花不僅可以治病，還可延年益壽、健體。

　　椿、樗為一木同種。其根、葉、皮還可入藥。《本草綱目》云：「椿、樗、栲，乃一木三種也。椿木皮細肌實而赤，嫩葉香甘可茹。樗木皮粗肌虛而白，其葉臭惡，歉年人或採食。栲木即樗之生山中者，木亦虛大，梓人亦或用之。然爪之如腐朽，故古人以為不材之木。不以椿木堅實，可入棟樑也。」特別是樗根，性涼而能澀血，「凡瀉痢濁帶，精滑夢遺之症，無不用

之。有燥下濕及肺胃陳痰之功。」

　　據傳洛陽有一女子，年四十六七歲，飲食無度，經常喜歡吃魚和蟹，蓄毒於髒內，後來大瀉，疼痛難忍。醫生給她用止血痢藥不見效，又用腸風藥則瀉得更重。這樣瀉有半年多，她氣血虛弱，骨瘦如柴，醫生採用各種辦法，如服了熱藥肚子更痛，服了冷藥瀉得更厲害，服用溫平藥無效，已經氣息奄奄。後來試用樗根皮一兩，人參一兩為末，每次服二錢，用溫酒服之，服了一段時間，其病漸好。可見，椿樹的用途之奇。

雪壓青松挺且直

——趣話松樹

　　松，偉岸俊拔，蒼翠蔥鬱，雄姿古奇，凌霸傲雪，四季常青，自古就受到人們的喜愛和讚美。

　　松為中國常見的常綠喬木，種類繁多，以地名命名的有雲南松、長白松、黃山松等；以形象喻松名的有羅漢松、美人松、龍頭松、金錢松、馬尾松、雪松、銀松等；以顏色命名的有翠松、紅松、白松、黑松、黃松等，真可謂五彩繽紛、絢麗多姿。松實用價值極高，

　　其木質軟硬適中，紋理細密通直，是很好的建築和傢俱上等用材，北京故宮中那些金碧輝煌宮殿的立柱用的就是松材。

　　松子可入食，松花可釀酒，松節、松脂、松葉皆可入藥。松脂不僅入藥，還可延年益壽。《廣群芳譜》載：「松脂，松之津液精華也，一名松膏，

一名松香，一名松膠，一名松肪，一名瀝青。以通明如薰陸香顆者為勝。老松皮內自然聚者為第一勝。鑿取及煉成者，根下有傷處不見日月者為陰脂，尤佳，氣味苦溫無毒，潤心肺，強筋骨，安五臟，利耳目，除伏熱，治瘡瘍，消風氣，久服輕身不老。千年松脂，入地化為琥珀，又千年為瑿，狀如黑玉，蜜蠟金亦多年琥珀所化，屑其末焚之，有松香氣。」《漢武內傳》亦曰：「仙之上藥有松柏之膏，服之可延年。」《博物志》云：「松脂淪入地中，千歲為茯苓，茯苓千年化為琥珀。琥珀一名江珠。」

晉葛洪《抱朴子·仙藥》中就記有這麼一則故事：有一個叫趙瞿的人病了多年，已氣息奄奄。家人把他棄之穴中，趙瞿悲痛地哭泣起來。此時走來一個人，給他一些藥丸，讓他服一百天。趙瞿服完藥，病即痊癒，臉色紅潤。百天後這人又來看他，趙瞿感激不盡，謝救命之恩，並乞求其方，那人說：「所服之藥用松脂煉成。」趙瞿按這人所說自己煉製，經常服用，後來身體清爽，氣力百倍，終日不困，活到一百歲仍齒不掉，頭髮不白。

這個故事有些傳奇色彩，但松脂確實可以治病。《神農本草經》云：「松脂，味苦溫，主疽、惡瘡、頭瘍、白禿、疥搔、風氣，安五臟，除熱，久服輕身，不老延年。」松脂還會形成琥珀，供人珍藏。明李時珍《本草綱目》云：「松脂則又樹之津液精華也，在土不朽，流脂日久，變為琥珀。」

另傳採食松子也可延年益壽。《嵩山記》云：「嵩嶽有大松，或百歲千歲，其精變為青牛，或為伏龜，採食其實，得長生。」

松歷史綿長，其文化意蘊也是多方面的。在中國古代漢語中，「松」出現很早，甲骨文中已有松字。中國的最早詩歌總集《詩經·鄭風》中也已有「山有喬松」。

松還為「百木之長」，《花鏡》云：「松為百年木之長，諸山中皆有之……遇霜雪而不凋，歷千年而不殞……」宋代王安石《字說》云：「松為百木之長，猶公也，故字從公。」《廣群芳譜》曰：「松百木之長猶公，故字從公。」古人就稱松為木公、十八公。有說這是把「松」字拆開來叫的，把「松」字拆開為十、八、公三字，故稱十八公。《說文》也早說過：「松木公聲。」由此有人做起文字遊戲，還編有一段趣聞。

據《唐書》載：唐代有個叫賈嘉隱的 7 歲神童，聰明過人，被皇上召見，太尉長孫無忌和司空李也在場。司空李故意問神童：「我所倚的是什麼樹？」神童回答說：「松樹。」李又問：「此為槐樹，怎麼說是松樹呢？」神童說：「你官居司馬（古時把司徒、司馬、司空稱三公），以木配公，當然是松了。」長孫無忌又連問：「我所倚何樹？」神童回答說：「槐樹。」無忌說不對。神童回答說：「木配鬼為槐呀，所以是槐樹。」長孫無忌無言以對。也有說「公」為古代五等爵位的第一位。《禮記·王制》：「王者之制祿爵，公、侯、伯、子、男，凡五等。」松與「公」相聯繫，因此，成為高官厚祿的象徵。

松還有「大夫」之美稱，也與官爵有關。這裏還有一個與秦始皇有關的典故。據《史記·秦始皇本紀》載：始皇二十八年（前 219 年），秦始皇有一次到泰山封禪，突遇狂風暴雨，便在一棵大松樹下避雨，松樹如蓋，沒有讓秦始皇淋著雨，因此松護駕有功，秦始皇封此松為「五大夫」（為秦時爵位的第九級），後人遂稱此松為「五大夫松」。

但也有人不解「五大夫松」原意，附會為五位大夫。「五大夫松」在明萬曆年間被山洪沖毀後，清雍正八年（1730 年）就重新補栽了五棵松，並建

亭五間，名五松亭，就是因為這種誤解造成的。不管怎麼理解，後世遂以
「五大夫」為松之別稱。《幼學瓊林》：「竹稱君子，松號大夫。」松因與官爵
相連，自然也成為人們追慕、信仰的吉祥物。

　　松淩霜傲雪，歲寒不凋，四季常青，人們又把它作為君子不畏艱險、堅
貞頑強、高風亮節的象徵。所以古代文人墨客多喜以松託物言志，盡抒情
懷。早在記孔子言論的《論語·子罕》中就有「歲寒，然後知松柏之後凋也」
的贊辭。宋王安石有《古松》詩云：

　　「森森直幹百餘尋，高入青冥不附林。」

　　中國老一輩無產階級革命家陳毅也有《松》詩贊詠：

　　　　大雪壓青松，青松挺且直。

　　　　要知松高潔，待到雪化時。

　　該詩歌頌了青松不畏艱難險阻、不怕困難、堅守節操的高尚品質。所
以，人們敬崇青松，更敬崇像青松一樣的高潔之士。

　　古人還把松與梅、竹並稱為「歲寒三友」，把松、梅、竹、菊稱為「四
君子」，並用之作吉祥圖案，常用於木刻、繪畫、剪紙等，表達了人們對松崇
高品質的敬仰。

　　松還為長壽之樹，其更深的文化內涵是長生不老、富貴延年，相傳松可
達數千年不死。廣西壯族自治區貴縣南山寺有株古松已達 3000 多年，雖歷經
滄桑，風霜雨雪，仍鬱鬱蔥　蔥，蒼勁挺拔。有人在其旁邊的石上刻上「不
老松」三字，表達對蒼松的敬仰。北京北海南門西側的團城有棵油松已近千

年，枝幹蒼勁，樹冠平展，氣宇軒昂。據傳，某年盛夏，乾隆皇帝到此巡遊，正值烈日炎炎，來到此樹下，見其濃陰蔽日，頓覺涼風拂面，十分舒暢，遂封此松為「遮陰侯」。在團城的西邊也有一棵古松，根紮在城臺上，枝幹探入北海中，姿態奇特，為了給「遮陰侯」以襯托，乾隆封此松為「探海侯」。在團城的敬躋堂和昭景門後還各有一棵大白皮松，樹身潔白，松葉碧綠，相互映襯，色彩鮮明，這兩棵白皮松當年被乾隆封為「白袍將軍」。在北京西郊香山的香山寺正殿門外兩側，有兩棵 800 多年的古油松，高 10 多公尺，兩棵松比肩而立，樹冠交叉，形似僧徒拱手聽佛說法，乾隆把這兩棵樹定為一景，命兩棵松為「聽法松」。

古松好像與古代名人都有聯繫。在陝西藍田縣灞源鄉青萍村西頭有一棵特別奇特的古松，主幹粗有兩圍，但高僅四五尺。主幹如蟠龍盤踞，上生兩根橫幹，橫幹旁枝則如牙若須，如角似爪，乍看酷似一條張牙舞爪的巨龍，龍頭向北昂起，龍尾向南逶迤下拖，呈騰雲奮飛之勢。那些長短、粗細不一的旁枝，宛若聚集其上的條條小青龍，當地人稱「七十二碎龍頭」，真是天設地造，神功自成。更奇的是在其樹下有一個小水潭，千百年來水從不乾涸，又常滿而不溢。

民間傳說，東漢開國皇帝劉秀，被王莽軍隊追殺，一時無路可走，急忙爬到這棵松樹上藏

起來，他爬上樹後，頭枕著兩根像龍角的枝，竟睡著了。王莽的人馬追趕過來，從樹下走過，卻沒有發現樹上有人在酣然大睡。民間傳說劉秀為真龍天子，已幻化龍形，凡人是看不見的。劉秀躲過一劫，後來做了皇帝，便欽賜此松為「龍頭松」。

　　因為松樹可長千年以上，所以松一直作為長壽延年的象徵，如與鶴結合為「松鶴常春」、「松鶴延年」，松與菊結合為「松菊延年」，松與柏結合為「松柏同春」。後來，松一直作為祈盼青春永恆、健康長壽的象徵，受到人們的普遍歡迎。

　　松樹開花為黃色，常服之可延壽、身輕。《廣群芳譜》云：「松樹二三月抽蕤生花，長四五寸，采其花蕊，名松黃。」

　　用松花還可制餅、釀酒。唐白居易就有「腹空先進松花酒」。《居山雜誌》載：「松自三月花，以杖叩其枝，則紛紛墜落，張衣 盛之，囊負而歸，調以蜜，作餅遺人，曰松花餅，市無鬻者。」

　　中國發源於長白山深處的松花江的美麗名稱就與松花有很大關係。每年松花開時，長白山和小興安嶺漫山松花飛舞，像下黃雨一樣，蔚為壯觀。那些黃色松花粉飛落到松花江上，竟把江水都染成了黃色。

柏堅不怕風吹動

——趣話柏樹

古松圖偃蓋，新柏寫爐峰。

凌寒翠不奪，迎暄綠更濃。

茹葉輕沉體，咀實化衰容。

將使中臺麝，違山能見從。

該詩是北齊詩人魏收所寫的一首《柏》詩，讚頌了柏與松一樣淩寒不凋，四季常綠，以及長食柏葉、柏實可有輕身、長壽的作用。因松、柏性相同，故古人在很多詩詞中都常把柏與松並稱。

柏屬松柏科之檜屬，與松一樣為常綠喬木。柏，古亦寫作「栢」，其義為百木之長。長者，其中一個主要含義為壽命之長，俗言有：「千年松，萬年柏。」是說柏比松壽命還要長。

柏為中國古老樹種，歷史悠久，在中國至少有 4000 多年歷史。《詩經・邶風》中即有「泛彼柏舟」。

柏的種類也較多，有側柏、扁柏、翠柏、圓柏、垂柏、香柏、花柏、羅漢柏等。《廣群芳譜》記有：「柏一名椈，樹聳直，皮薄肌膩，三月開細瑣花，結實成球，狀如小鈴多瓣，九月熟，霜後瓣裂，中有子大如麥，芳香可愛。《六書精蘊》云：柏，陰木也。木皆屬陽，而柏向陰指西，蓋木之有貞德者。故字從白。」《花經》亦云：「柏又名檜，生於山地，枝葉密生，幹聳直而質堅，致有『松貞柏堅』之佳譽。柏不畏寒冬之雪打冰凍，而翠綠如常，故更有『松柏長春』之美稱。」明李時珍《本草綱目》載：「柏性後凋而耐久，稟堅凝之質，乃多壽之木，所以可入服食。道家以之點湯常飲，元旦以之浸酒避邪，皆取於此。麝食之而體香，毛女食之而體輕，亦其證驗矣。」

這裏所說的毛女食柏而身輕，還有一段逸聞。據晉葛洪《抱朴子・仙藥》載：漢成帝的時候，在終南山，幾個打獵者發現有個人沒有穿衣服，身上長滿黑毛，跳坑越澗如飛。於是打獵者悄悄跟蹤，偷看這個人住在哪裏，然後包圍起來抓住。抓住後發現這人原來是女的，問她是哪裏人，她回答說是秦朝時的宮中人，關東兵入侵，秦王投降後，她逃入山中。在山上常常因無食

而饑，山中有一位老翁告訴她可以用柏葉、柏子來充饑。開始吃時有些苦澀，後來漸漸適應，便常用此來充饑。久而久之，只覺冬不再怕冷，夏不怕熱，到漢成帝時她已在山中活了 300 歲。所以，柏不僅是長壽之木，而且常食柏子、柏葉亦可延年益壽，返老還童。《列仙傳》就記有：「服柏子人長年。」柏葉不僅可以吃，還可烹湯、泡酒。《漢宮儀》云：「正旦（正月初一）飲柏葉酒上壽。」喝柏葉湯更有益。

民間還傳，喝柏葉湯和柏葉酒可避邪，延年益壽。所以，舊時春節不少地方都有喝柏葉湯和柏葉酒的習俗。南朝梁宗懍《荊楚歲時記》中記有，正月初一「長幼悉正衣冠，以次拜賀，進椒、柏酒，飲桃湯」，說明漢代時人們已有喝柏葉湯和柏葉酒以求長壽的習俗。

柏的另一層文化內涵與松一樣，也為高官厚祿的象徵。宋王安石《字說》云：「柏猶伯也，故字從白。」伯居古代公、侯、伯、子、男爵位的第三位，所以古代朝廷官署又稱柏臺、柏署。

柏還稱將軍，有關柏與將軍的關係，還有一則故事：當年漢武帝巡視嵩陽書院時，一進院門見到一株周柏，高大挺直，氣宇軒昂，當時封為「大將軍」。但進入院內，又見一株更大的柏樹，說只好屈封為「二將軍」。後又遇見一株比前二位更高更大，也只好封為「三將軍」了。結果是大將軍高興得前仰後合，笑歪了身子（現主幹傾斜）；二將軍生氣，氣破肚皮（現主幹下面有一空洞）；「三將軍」氣得跳腳（即樹根露出地表，早已枯死）。所以，後世故稱柏為「將軍」，柏的這些稱謂都與官爵有關係。因古人多以官爵來衡量人生，所以，把柏樹也作為吉祥物來敬奉。

柏樹生命力極強，耐乾旱瘠薄，在一般樹木不能生長的石灰岩、紫葉岩

和花崗岩山地，柏仍可以生機盎然，披綠疊翠。更令人欽佩的是它既耐得零上 40 攝氏度的酷熱，又能忍得零下 35 攝氏度的嚴寒，林學家稱讚它是改造大自然的功臣。我們的老祖宗孔子就說：「歲不寒，無以知松柏。事不難，無以知君子。」在孔廟大成門內就有一株挺拔的古檜柏，碑刻為「先師手植檜」，傳說是孔子親手所植的檜柏。此柏歷經風霜雪雨幾千年，死而復生，幾經榮枯。明代文人張岱《陶庵夢憶》載：「歷周、秦、漢、晉幾千年，至晉懷帝永嘉三年而枯，枯三百有九年，子孫守之不毀。至隋恭帝義寧元年復生。後五十一年，至唐高宗乾封三年再枯。枯三百七十有四年，至宋仁宗康定元年再榮……」幾生幾死，真是神奇。

說到周柏，不能不說山西晉祠的周柏，其聖母殿旁有一株臥伏的老古柏，形似臥龍，傳為西周時所植，所以叫「臥龍周柏」。宋歐陽修有詩贊曰：「地靈草木得餘潤，鬱鬱古柏含蒼煙。」另外，武侯廟的古柏也很馳名，很多詩人多有贊詠。唐李商隱寫有《武侯廟古柏》詩：「蜀相階前柏，龍蛇捧宮。」唐詩人雍陶有《武侯廟古柏》詩：「此中疑有精靈在，為見盤根似臥龍。」

說到古柏不能不提到漢武帝，可能是因為他喜歡柏樹，所以很多古柏都與他有關係，並流傳有很多神奇的故事。相傳在黃陵的古柏中，有一棵僅次於軒轅柏的側柏，人稱「武帝柏」，或「掛甲柏」。是說漢武帝遠征朔方，勝利歸來，去朝祭先祖。在祭祀前他將身披的金甲解下，隨手掛在身邊的一棵柏樹上，樹上留下甲痕。至今，這棵柏樹皮上密佈有斑眼，並時常流汗而出。此柏漢武帝時已是一棵大樹，算來至少也有幾千年的歷史。

《三齊略記》載：「堯山在廣固城西七里，堯巡狩所登，遂以為名。山頂立祠，祠邊有柏樹，枯而復生，不知幾代樹也。」在少林寺黃蓋峰上有一棵「臥龍柏」更神奇。該樹也為周柏，有一次被惡風連根拔起，甩出有三四十步

遠，但它落地又生根，依然挺立生長在山風口上，蒼鬱翠綠，顯示出頑強不屈的生命力和堅忍不拔的精神。

　　古人還認為柏為木之貞德者，淩寒不凋，堅貞有節。古代陵寢、祠堂、廟宇等地常植松柏，稱為「柏陵」、「柏宇」。其實，這是人們文化觀念上的偏差。準確地說，柏往往與文明肇端聖地、聖賢英傑相伴隨，所以人們常常以松柏來象徵文明和先烈，孔廟和黃陵就廣植古柏。黃陵是中華文明發祥地之一，其軒轅廟就有十餘棵蒼柏，樹旁立有石碑，上刻「黃帝手植柏」五個大字。相傳為黃帝親手所植。因黃帝又稱軒轅，百事如意故這些柏樹又稱「軒轅柏」。按此推算，此柏至少有4000年高齡了，很受人們崇拜。

　　另外，古人還認為柏可鎮邪消災，有吉祥之意。《周禮》有：「方相氏毆罔象，罔象好食亡者肝，而畏虎與柏。墓上樹柏，路口致石虎，為此也。」《東方朔傳》有：「柏者鬼之廷也。」後世遂有「鬼畏柏樹」的俗信，所以陵墓多種柏，以避邪消災。

　　此外，在傳統觀念中，百言極多，因諸事冠以百而概全部，如百事、百川、百鳥、百樹等。因柏與「百」諧音，以柏子象徵「百子」，為舊時婚嫁和祈子的必備之物，以祝多子多福。民間吉祥圖案還把柏與柿子、橘子結合，寓意「百事大吉」。把柏與如意、柿子結合，寓意「百事如意」，亦用於新年的祝吉納福。《西湖遊覽志餘》云：「杭州習俗，元日簽柏枝、柿餅以大橘承之，謂之百事大吉。取柏、柿、大橘與百事大吉同音故也。」

　　讚頌柏樹的詩很多，而宋代愛國主義詩人陸游晚年所寫的一首《蒼檜》詩最獨特。詩云：

北風卷野天晝晦，雨如弩鏃穿屋背。

老夫下床行蹣跚，稚子抱書坐持蓋。

豈無長楸與巨竹，幹折枝摧共顛沛。

孰能不動安如山？屹立庭前獨蒼檜。

　　該詩前六句似乎與寫蒼檜無關，好像是寫詩人的艱難處境，北風狂卷，天野晦暗，大雨如箭，射穿屋背，屋內已灌滿雨水，老人穿上木屐下床，幼兒找雨具蓋書。楸木巨竹，都被狂風吹得幹折枝摧，唯獨蒼檜仍巍然屹立如山。詩人正是借讚頌蒼檜，表達自己的心志。詩人陸游正處南宋時期，金人入侵，山河破碎，主張抗金，但由於奸臣秦檜當道，他「報國欲死無戰場」，不但報國無門，還遭罷職。陸游罷職歸鄉後，並未因位卑而忘國，仍念念不忘收復失地。這首詩正表達了詩人大義凜然、誓不低頭的愛國情懷。

咬定青山不放鬆

——趣話竹子

寧可食無肉，不可居無竹。

無肉令人瘦，無竹使人俗。

　　從宋代大詩人蘇軾對竹的癡愛和讚詠，可見竹在古代文人心目中的地位。

　　竹為一種獨特常綠植物，它「不剛不柔，非草非木」。竹四季常翠，在中國種植廣泛，尤其長江流域和珠江流域最廣，山上山下，村後路旁，可謂無處不有，竹林成海。《廣群芳譜》云：「竹，植物也，非草非木，耐濕耐寒，貫四時而不改柯易葉，其操與松柏等。」《花經》云：「竹之神妙，乃在虛心勁節，筠色潤貞，異於尋常草木，遭霜雪而不凋，歷四時而常茂，風來自成清籟，雨打更發幽韻。若於書齋窗前，偶栽一二，大有清趣。」

　　竹子品種繁多，中國有 300 多種，常見的品種有淡竹、方竹、紫竹、斑竹、玉竹、觀音竹、鳳尾竹、玉葉竹、龍孫竹、人面竹等。另外作盆景栽培的小型竹有羅漢竹、金剛竹、龍孫竹、麒麟竹等。竹子蔥蘢翠綠，不畏嚴寒，虛心有節，與松、梅、竹合稱為「歲寒三友」。

　　中國為竹的故鄉，歷史極其悠久，《詩經》中有多處提到。公元 265 年，晉人戴凱之就撰寫了中國第一部《竹譜》，宋代僧人贊寧著有《筍譜》。元代李仲賓著有《竹譜詳錄》，圖文並茂，對中國的 300 多種竹子作了詳細記錄。數千年來，古人對竹的栽培和以竹為題材的詩詞歌賦層出不窮，代代相傳，歷久彌新，已經形成了中國獨具特色的竹文化。

　　竹子作為吉祥物在中國歷史悠久，首先是其實用價值十分廣泛。早在殷商時期，先人們就以竹搭棚造屋，遮風擋雨；用竹製盛物器，給生活提供方便；用竹製箭矢，打獵禦敵；用竹製書簡、造筆，傳承文化和歷史。宋代詩人蘇軾對竹的功用總結得好：「庇者竹瓦，載者竹伐，戴者竹冠，焚者竹薪，衣者竹皮，書者竹紙，履者竹鞋，真可謂不可一日無此君。」此外，竹筍還可食用，鮮美脆嫩，營養豐富。隨著社會的發展，中國民間工藝巧匠用竹子雕刻和編織工藝美術品，已遠銷世界各地，受到世界各國人民的歡迎。

竹子修正挺直，秀麗多姿，四季常青，勁節堅挺，不畏嚴寒。其一枝一葉，足以引人幽思；其高德品質，怎能不讓人贊詠。所以，竹子受到名人賢士、文人墨客的青睞、寵愛，並成為他們抒情言志和歌詠的極好題材，也成為他們賞竹、畫竹、詠竹的高雅風尚。

說到竹，與竹相關的趣味故事最早的就是「湘妃竹」的故事了。傳說4000多年前，舜帝南征蚩尤時在江南逝世。他的兩個妃子娥皇和女英娥皇與女英（即堯帝的兩個女兒）千里迢迢去尋找丈夫，在尋到古蒼梧時，聽說舜帝已亡，二妃佇立山巔，扶竹痛哭，悲痛欲絕，淚中泣血。血淚一把把灑在竹子上，竹竿上出現了一滴滴似淚痕的血跡斑點。從此，人們便稱這種有血淚斑痕的竹子為「湘妃竹」，唐代詩人賈島有《詠竹杖》詩云：「莫嫌滴瀝紅斑少，恰似湘妃淚盡時。」

竹與歷代文人賢士也有關聯，「竹林七賢」的典故，是說晉代嵇康、阮籍、山濤、向秀、劉伶、阮咸、王戎七位賢士在山陽（今河南修武）的一片竹林集會，飲酒賦詩，肆意酣暢的故事。另與「竹林七賢」相仿，唐開元年間也有一個以李白為首的孔巢父、韓準等六位文人隱居泰安府徂徠山下竹溪，縱酒酣歌的「竹溪六逸」。

歷代愛竹名士眾多，宋代蘇東坡更是愛竹成癖，每居一處必須以竹為伴，留下了「寧可食無肉，不可居無竹」的名句。《世說新語》中更記有一愛竹的文人王徽之的故事。王徽之為魏晉大書法家王羲之之子，王獻之之兄，字子猷，性情狂傲不羈，平生酷愛修竹。他曾借友人的一處空宅暫住，剛搬入即命僕人在屋前栽竹，有人問他：「你暫住這裏還不等竹子長起來，就又要搬走，何必要栽竹呢？」王徽之詠詩作答曰：「何可一日無此君。」故後，便

有「不可一日無此君」的趣話傳世，從此，人們也均尊稱竹為「君子」。

　　唐代白居易對竹子的品德曾作過高度的概括，他在其《養竹記》中曰：「竹似賢，何哉？竹本固，固以樹德，君子見其本，則思善建拔者。竹性直，直以立身，君子見其性，則思中立不倚者。竹心空，空以體道。君子見其心，則思應用虛受者。竹節貞，貞以立志，君子見其節，則思砥礪名行，夷險一致者。夫如是，故號君子。」由於他對竹的直勁挺拔、剛直不阿的氣節和虛心有節的品德的崇尚，古往今來，曾影響了一大批仁人志士，鑄造出中華民族的高潔氣節。

　　唐代才華出眾的女詩人薛濤就十分愛竹、崇竹，她在其《酬人雨後玩竹》詩中，以翠竹「蒼勁節奇」，「虛心能自持」來比喻自己所崇尚的品格。

　　鄭板橋一生秉性剛直，他不僅畫竹，且以竹為題的詩亦頗多，他曾在《竹石圖》上題詩曰：

　　　　咬定青山不放鬆，立根原在破岩中。

　　　　千磨萬擊還堅勁，任爾東西南北風。

　　詩人通過畫竹、詠竹來抒情，高度讚揚了翠竹不畏逆境，不懼艱辛，信念堅定，堅挺不拔的秉性和品格。更可貴的是，中國革命先烈方志敏也一生愛竹。1935 年 1 月，方志敏率領抗日先遣部隊北進時，正逢冰天雪地的冬天，

　　當時寒風怒號，缺衣少食，戰士們生活十分艱難。然而，方志敏卻以共產黨人的大無畏精神，以竹為題，用竹枝在雪地上寫下一首氣貫長虹的史詩

來鼓勵戰士們：

> 雪壓竹頭低，低下欲沾泥。
> 一輪紅日起，依舊與天齊。

　　該詩表現了詩人頂天立地，不畏艱難，一往無前的英雄氣概。雖然這首詩成了他最後的遺言，然而他那與竹一樣的堅貞挺拔的英雄形象卻永遠活在人們心中。這些亦無疑從正面賦予了竹吉祥的寓意。

　　由於竹的高潔品行和多元吉祥文化內涵，民間以竹為題的吉祥圖案也廣泛運用於人們日常生活中。因「竹」諧「祝」音，表示有祝頌、祝願的吉祥用意，多用於祝壽時用。如民間有「華封三祝」的吉祥圖案。另把竹數株、水仙和壽石配合的圖案稱為「群仙祝壽」。數株水仙寓意「群仙」，「竹」與「祝」同音異聲，壽石代表長壽。還有把桃花、月季花（又稱長壽花）、靈芝和翠竹相結合而成的紋圖稱為「群芳祝壽」；用靈芝、水仙、壽石和竹組成的圖案稱為「芝仙祝壽」；用梅花、綬帶鳥和竹組成的圖案稱為「齊眉祝壽」，等等。這些吉祥圖案和祝語均寓有深刻的文化內涵。

附錄

一、中國十大名花

中國是一個花木王國，歷史悠久，品類繁多，各具特色。在 6000 多年的歷史嬗變中，花木確立了自身的文化品位，受到人們的喜愛和青睞。為了確定人們喜愛花卉的程度，1987 年，中國聘請 3110 位花卉專家根據各種花卉的歷史和特徵，再結合 15 萬人的投票結果，裁定出中國的十大名花，它們依次是：

第一名：梅花，花中之魁

第二名：牡丹，花中之王

第三名：菊花，高風亮節

第四名：蘭花，花中君子

第五名：月季花，花中皇后

第六名：杜鵑花，花中西施

第七名：山茶花，花中珍品

第八名：荷花，水中芙蓉

第九名：桂花，十里飄香

第十名：水仙，凌波仙子

二、二十四番花信風

　　花信風顧名思義是應花期而來之風。春風守信，如期而來，催開百花，故稱花信風。因春風守信有德，又稱信風、德風。這充分反映了古人信奉萬物有靈，以守信為德的觀念思想。

　　花信風是一種物候，是一種信息，是花卉隨大自然的季節變化而相適應的一種節律。人們根據花卉隨季節變化所呈現的這種節律性與節氣聯繫起來，自古便產生了「二十四番花信風」。宋代程大昌《演繁露》釋曰：「三月花開時，風名花信風。初泛觀，則視謂此風來報花之消息耳。按《呂氏春秋》……乃知花信風者，風應花期，其來有信也。」

　　所謂二十四番花信風，據宋呂原明《歲時雜記》載：「一月二氣六候，自小寒至穀雨，四月八氣，二十四候。每候五日，以一花之風信應之。」即是說：花信自「小寒」算起，到「穀雨」止，共四個月，有八個節氣，每五日為一候，計二十四候，每候應一種花信。每種花卉都會帶來不同時令的信息。這正是「二十四番花信，吹香七里山塘」。正如詩人陸游《遊前山》詩中云：「屐聲驚雉起，風信報梅開。」徐師川詩：「一百五日寒食雨，二十四番花信風。」晏元獻詩：「春寒欲盡復未盡，二十四番花信風。」詩人楊慎亦有《詠梅九言》詩云：「錯恨高樓三弄叫雲笛，無奈二十四番花信催。」其二十四番花信風為：

　　　　小寒：一候梅花，二候山茶，三候水仙
　　　　大寒：一候瑞香，二候蘭花，三候山礬

立春：一候迎春，二候櫻桃，三候望春

雨水：一候菜花，二候杏花，三候李花

驚蟄：一候桃花，二候棣棠，三候薔薇

春分：一候海棠，二候梨花，三候木蘭

清明：一候桐花，二候麥花，三候柳花

穀雨：一候牡丹，二候荼，三候楝花

　　為何「二十四番花信風」從小寒算起呢？按說小寒仍處於陰曆的十二月份，還正是冬季。這主要是古人認為，冬至過後，逐漸夜短晝長，陰氣漸去，陽氣上陞，小寒已處於春陽上陞之時，為春陽之氣。所以，小寒占「二十四番花信風」之首。梅花冬季迎雪開放，最早報來春消息，故推梅花為「二十四番花信風」之首，先占天下春。

　　另外，古時還有一年二十四番花信風之說。據楊慎《升菴全集》（卷十八）載，梁元帝蕭繹《纂要》曰：「一月兩番花信間，陰陽寒暖，各隨其時，但先期一日，有風雨微寒者即是。其花則：鵝兒、木蘭、李花、瑒花、橙花、桐花、金櫻、黃　、楝花、荷花、檳榔、蔓羅、菱花、木槿、桂花、蘆花、蘭花、蓼花、桃花、枇杷、梅花、水仙、山茶、瑞香，其名俱存。」但這種說法與實際花期有些不合，難與四時搭配，世人較少認可。

三、以花表意的花語

　　花無言，勝有言。花有花語。中國自古就有以贈花表意之禮，早在《詩經・鄭風・溱洧》中即有：「維士與女，伊其相謔，贈之以芍藥。」春秋戰國時，燕、韓兩國就以桂花作珍貴禮品相贈，停止交戰，表示友好和平。

　　今天，花已成為人們生活中交往的高尚禮品。人們根據花的形狀、特徵和生長習性，以及它們物性上與人相通之處，賦予了各種花卉不同的寓意，作為語言來傳遞情感和願望，將其稱為花語。以下是部分花卉所表達的語意：

梅　花——梅花五個花瓣象徵快樂、幸福、長壽、順利、和平，民間稱為「五福」。梅花不畏霜雪，表示堅貞不屈。梅花與喜鵲還表示婚姻、喜慶。梅花與松、竹合稱「歲寒三友」，與蘭、竹、菊合稱「四君子」，表示團結友好。

蘭　花——為「四君子」之一，象徵高潔美好之意，把優美的文章和書法稱蘭章，把好朋友稱蘭友，把志同道合的朋友相交往稱蘭友、蘭誼，把高尚的精神稱蘭魄，把如蘭一樣的品質稱蘭質，把美味佳餚稱蘭饌、蘭肴，把七夕之夜稱蘭夜，把寺廟稱蘭廟，把春天稱蘭時，把雅致的琴稱蘭琴，把女子善良賢慧稱蘭心蕙質，把高風亮節稱蘭芳石堅，把才貌出眾之人稱芝蘭玉樹，把芳香聖潔之地稱蘭皋蕙樹等。

牡　丹——古人稱之為百花之王，國色天香，今人稱為中華第一花。表示富

　　　　貴吉祥，繁榮幸福。

芍　藥──朋友離別贈芍藥，表示友誼和思念；青年男女相贈芍藥表示相悅
　　　　相親。

荷　花──「出淤泥而不染，濯清漣而不妖」，表示清正廉潔，聖潔高尚。並
　　　　蒂蓮表示夫妻恩愛，並蒂同心，寄寓家道昌盛，新婚大喜。

菊　花──爲「四君子」之一，是花中之隱者，不畏霜雪，象徵高尚和頑強。

桂　花──「桂」諧「貴」音，象徵吉祥富貴如意。「折桂」，表示金榜高中、
　　　　榮華富貴。

玉　蘭──潔白如玉，晶瑩清麗，其香如蘭，寓意愛情純潔堅貞。也比喻女
　　　　子皎潔清麗，如玉樹臨風。

百　合──表示百事合心，吉祥如意。作婚嫁禮花，表示百年好合。

水　仙──表示純潔高雅，新春佳節相贈，又表達祈吉納福。

石　榴──表示紅紅火火，朝氣蓬勃，丹心赤誠。石榴多子，作爲吉祥物又
　　　　象徵子孫昌盛，後繼有人。

山茶花──表示春光長壽，青春永駐。紅山茶花表示天生麗質，白山茶花表
　　　　示青春美麗。

月季花──表示美好幸福。因其四季開放，稱爲長春花，吉祥圖案中表示四
　　　　季平安，白頭長春。

康乃馨──表示紀念和祝福，佩白色康乃馨表示母親已去世，佩紅色康乃馨
　　　　表示母親仍健在。

桃　花──常用來表示愛慕之情，比喻美貌女子。桃子作爲吉祥物還用來祝
　　　　壽。

杏　花——表示多層含義，與醫家聯繫，表示杏林春滿，譽滿杏林，是對醫
　　　　家的贊詠；與教學聯繫，有杏壇、杏園之說，表示講學、授課、
　　　　遊宴的場所。此外，與酒聯繫，還作為酒的代稱使用，古詩有
　　　　「牧童遙指杏花村」。

李　花——表示友誼和愛情。

君子蘭——表示高雅。饋贈朋友，表示有敬意。

梨　花——表示高潔。梨園常作戲劇的代稱，「梨園弟子」，即指戲劇演員。

玫　瑰——表示愛情和幸福。

薔　薇——表示堅貞不渝的愛情。

紫　薇——又稱百日紅，表示愛情久遠。

丁　香——表示愁腸百結。

鳳仙花——表示別碰我。

紫荊花——又稱兄弟樹，表示兄弟間要團結，和睦相處。

雞冠花——表示愛情。

金錢花——表示天真爛漫。

凌霄花——表示母愛。

紫藤花——表示歡迎。

橄　欖——表示和平。

冬　青——表示喜悅。

葵　花——表示你是我心中的太陽，愛情堅貞。

萱　草——又稱忘憂草，表示能使人忘掉憂愁；又稱宜男花，孕婦戴上可生
　　　　男孩；又稱母親花，表示祝福母親千秋長壽。

勿忘我草——表示青年男女的愛情。

垂　柳——表示惜別、悲哀。古時有離別折柳之俗。

四、「花友」與「花客」

　　中國是禮儀之邦，十分注重友誼和交情。正如先師孔子對他的弟子所言：「益者三友，損者三友，友直、友諒、友多聞，益矣；友便辟、友善柔、友便佞，損矣。」古人還把交友與花木相比曰：「與善人居，如入芝蘭之室，久而不聞其香，即與之化矣；與不善人居，如入鮑魚之肆，久而不聞其臭，亦與之化矣。」（漢·劉向《說苑·雜言》）

　　花卉在中國一直作為友誼、友情的象徵，古人也常把花比為朋友和客人。宋代《詞話》即載詩人曾端伯根據不同花木的秉賦、品性和天然氣質，把十種花稱為「十友」；宋林景熙《霽山集》中把梅、竹、松稱為「歲寒三友」。清俞樾《茶香室叢鈔》把六種花木稱為「六友」；宋代張敏叔曾把十二種花稱為「十二客」；元代程《三柳軒雜識》中曰：「花名十客，世以為雅戲。姚氏《殘語》演為三十客。」後來還有五十客的說法。

　　古人從這些花木中看到了自己所推崇、追求的品格和道德，進而有意識地與花木交好，結之為良友，待之如賓客，有了這些花友、花客。

　　從這些花友、花客中可以看出，人與花木之間充滿了人間友誼之情和人倫風雅之情。其「花友」為：

牡　丹──執友　　　　　　芍藥──豔友

蘭　花──芳友　　　　　　梅花──清友

蠟梅花──奇友　　　　　　蓮花──淨友

瑞香花──殊友　　　　　　菊花──佳友

梔子花──禪友　　　　　　桂花──仙友

海棠花──名友　　　　　　水仙花──潔友

茉莉花──雅友　　　　　　山茶花──韻友

松　樹──高友　　　　　　竹　子──直友

梅、竹、石──三益之友　　　松、梅、竹──歲寒三友

茶花、迎春花、梅花、水仙花──花中四友

五、花品

人有人品，花有花品，花品如人品。在天人合一的世界裏，花品與人品合為一體，是為相通的。故古人把一切花木都當成有靈性的生命，與它們息息相通，並賦予它們以人的各種品性。

花有各品，德有等差。花木有靈性，而這種靈性有高低，是不均等的，就如同人有君子、小人之別。古人稱蘭為君子，是因其有奇香，它卻生長於窮山僻野，不與群芳邀寵，不求聞達於世，甘於寂寞，卓爾獨立，堅忍不拔。而有些花也香濃襲人，卻難稱君子，故此。有些古人根據花的秉性、品格、特徵，列出各品：

梅花爲仙品　　　　　蘭花爲高品

桂花爲靈品　　　　　菊花爲逸品

蓮花爲靜品　　　　　桃花爲華品

杏花爲貴品　　　　　梨花爲素品

水仙爲名品　　　　　合歡爲異品

牡丹爲榮品　　　　　山茶爲寒品

茉莉爲妙品　　　　　蘆花爲幽品

鳳仙爲新品　　　　　棠棣爲教品

合歡花爲異品　　　　木棉花爲奇品

海棠花爲佳品　　　　雞冠花爲聞品

芙蓉花爲尤品　　　　秋海棠爲情品

六、贈花與表意

中國自古就有贈花之習俗，人們以花為禮，聯繫情感，增進友誼，一束優美的鮮花要比送金錢物質高雅。花雖美，人人喜愛，但送花多少也很有講究，分別含著不同的寓意。一枝花有一枝花的情感，一束花有一束花的心情，多少朵花能代表你的心意呢？

1 朵花：表示你是我的唯一，一見鍾情。

2 朵花：表示二人相親相愛，心心相印。

3 朵花：表示我愛你，山盟海誓。

4 朵花：表示我誓死愛你，如山高，如海深，海枯石爛不變心。

5 朵花：表示我愛你，無怨無悔。

6 朵花：表示順利天成，永結同心。

7 朵花：表示喜相逢，每天都想你。

8 朵花：表示深深的歉意，請你原諒我。在祝賀新居喬遷、商店開張時，表示開張大發、新居新發。

9 朵花：表示天長地久永相守、不分離。在向老人祝壽，則表示天長地久，永遠健康長壽。

10 朵花：表示你很完美，十全十美，美滿幸福。

11 朵花：表示一心一意，你是我的最愛。

12 朵花：表示心心相印，比翼雙飛。在祝賀朋友生日時，則表示十二分的祝福。

13 朵花：表示你是我暗戀的人。有時候 13 又表示厭惡、仇恨。

14 朵花：表示好合好離，好聚好散。

15 朵花：表示愛情堅貞，誓死愛你。

16 朵花：表示愛得最狠。

17 朵花：表示愛情不渝。

18 朵花：表示我最愛的是你。

19 朵花：表示愛情長久。

20 朵花：表示兩情相悅。

22 朵花：表示雙雙對對。

24 朵花：表示 24 小時都在思念你。

30 朵花：表示請你接受我的愛。

33 朵花：表示我愛你三生三世。

36 朵花：表示我的愛只留給你。

44 朵花：表示我的愛亙古不變，至死不渝。

48 朵花：表示我對你的摯愛無限。

50 朵花：表示我對你的愛無怨無悔。

51 朵花：表示我的心中只有你一人。

57 朵花：表示吾愛吾妻。

66 朵花：表示六六大順，真愛不變。

99 朵花：表示天長地久，長相守。

100 朵花：表示相愛白頭到老。

101 朵花：表示一心一意，執著的愛。

108 朵花：表示求婚，請你嫁給我吧！

111 朵花：表示愛你一生一世一切。

123 朵花：表示愛情自由。

144 朵花：表示愛你生生世世。

365 朵花：表示天天想你。

999 朵花：表示天長地久，永遠愛你。

1001 朵花：表示一輩子的愛永不變。

七、十二月花令

花令，又稱花月令、花歷。是一年中根據各種花的開放及凋謝時間所列出的曆表，因通常按月分述，故稱「花月令」。

以花紀月，在中國歷史悠久，源遠流長。早在中國夏代遺書《夏小正》中就記有花時月令：「正月……柳稊（黃），梅、杏、杝桃則華；二月……榮堇采蘩；三月……拂桐芭（葩）……」《呂氏春秋》一書亦記有：「仲春之月……始雨水，桃、李華」，「孟夏之月……王菩生，苦菜秀」，「季秋之月……菊有黃華」等。到了明代，文人程羽文還專門寫有記述花時的《花歷》，曰：「花有開落涼燠，不可無歷。秘集《月令》，頗與時舛，予更輯之，以代挈壺之位，數白記紅，誰謂山中無歷也！」並把十二個月的花全列出，供觀之。

正月：蘭蕙芳，瑞香烈，櫻桃始葩，徑草綠，望春初放，百花萌動。

二月：桃夭，玉蘭解，紫荊繁，杏花飾其靨，梨花溶，李能白。

三月：薔薇蔓，木筆（即辛夷）書空，棣萼韡韡，楊入大水為萍，海棠睡，繡球落。

四月：牡丹王，芍藥相於階；罌粟滿，木香上陞；杜鵑歸，荼香夢。

五月：榴花照眼，萱北鄉；夜合始交，大體有香；錦葵開，山丹赬。

六月：桐花馥，菡萏為蓮；茉莉來賓，凌霄結；鳳仙降於庭，雞冠環戶。

七月：葵傾赤，玉簪搔頭；紫薇浸月，木槿朝榮；蓼花紅，菱花乃實。

八月：槐花黃，桂香飄；斷腸始嬌，白開；金錢夜落，丁香紫。

九月：菊有英，芙蓉冷；漢宮秋老，芰荷化爲衣。橙橘登，山藥乳。

十月：木葉脫，芳草化爲薪；苔蒼枯，蘆始秋；朝菌歇，花藏不見。

十一月：蕉花紅，枇杷蕊；松柏秀，蜂蝶蟄；剪綵時行，花信風至。

十二月：蠟梅坼，茗花發；水仙負水，梅香綻；山茶灼，雪花六出。

八、十二月花神

中國人喜歡封神。萬物有靈，萬物有神，當然，花木也有神。花木之神反映了人們對某種花木的喜愛和對某人的敬佩結合起來的一種精神寄託。

傳說最早的花神只有來自天界的女夷。《淮南子·天文訓》：「女夷鼓歌，以司天和，以長百穀、禽鳥、草木。」高誘注：「女夷，主春夏長養之神也。」後來，佛教傳入中國，根據佛教故事，又封迦葉爲總領百花之神，與中國神話傳說中的女夷比肩並列。後來爲了區別，稱女夷爲司花女神，迦葉爲司花男神。但是，這兩人終歸是天界之神，與世人的精神寄託太遠。

又有另一傳說，上天青帝主宰世間一切花木，便命百花仙子到人間廣選雅士才女爲司花之神。但是在廣選中，或由於偏愛，或由於辭章，或由於癡情，或由於氣質，或由於癖好等，很多名女雅士都被選入花神。如梅花花神就有司花男神林逋、何遜，司花女神有壽陽公主、柳夢梅、老令婆等。這些花神都是世間人們或熟知、或敬崇、或有才氣之人。如宋代隱士林逋，字和靖，一生酷愛梅花。他不做官，不娶妻，隱居杭州西湖邊上的孤山，與梅花、仙鶴做伴，人稱「梅妻鶴子」，很得世人的稱頌，故選爲梅花男花神。後

又有人選何遜為梅花男花神。據清俞樾《春在堂全書・曲園雜纂》所說：林逋比何遜晚，唐以前說梅花都講何遜，應以何遜為男花神，這也在情理之中。另如梅花女花神，原為唐玄宗的妃子梅妃，其名江採，自幼聰敏博學，擅長詩文，選入宮中後大受寵幸。她清麗淡雅，酷愛梅花，在她所住之處遍種梅樹。每當梅花開時，滿園香雪，讓人流連忘返。她以梅花自喻，並築亭賞梅，被封為梅妃，把她封為梅花女神當之無愧。但清人俞樾又推選宋武帝之女壽陽公主為梅花花神，傳說正月初七她在宮中賞梅花，疲倦後在梅林小憩，剛好一梅瓣落其額頭，揮之不去，甚為好看，被號為「梅花妝」，人們說壽陽公主是由梅花精靈所化，梅花是公主的前身，於是把正月初七定為梅花生日，壽陽公主也便定為梅花花神，這也無可非議。根據這些情況，結合清人俞樾在《春在堂全書・曲園雜纂》中總結前人諸說，又加以他的想法，把所列出的花神神譜錄之於下，以供觀之。

司花男神：

正月梅花：何遜。

二月蘭花：屈原。

三月桃花：劉晨、阮肇。

四月牡丹花：李白。

五月石榴花：孔紹安。

六月蓮花：王儉。

七月雞冠花：陳後主。

八月桂花：郤詵。

九月菊花：陶淵明。

十月芙蓉花：石曼卿。

十一月山茶花：湯若士。

十二月蠟梅花：蘇東坡、黃山谷。

司花女神：

正月梅花：壽陽公主。

二月杏花：阮文姬。

三月桃花：息夫人。

四月薔薇花：麗娟。

五月石榴花：魏安德王妃李氏。

六月蓮花：晁採。

七月玉簪花：漢武帝李夫人。

八月桂花：唐太宗賢妃徐氏。

九月菊花：晉武帝左貴嬪。

十月芙蓉花：飛鸞。

十一月山茶花：楊太眞。

十二月水仙花：梁玉清。

總領群花之神：魏夫人。

九、花木的雅名與並稱

各種花木都有自己的名稱，人們又根據其相互間的關係和習性、特徵、

姿韻、色彩等，用一些特定的數位和文字使其人格化，給它們起很多雅名和
並稱，從而表達人們對這些花木的特殊感情，給人以美的形象和美的情趣。
如：

花中第一秀（或稱天下第一香）：蘭花。

人間第一香：茉莉。

名花第一嬌：芍藥。

江南第一香：玉簪。

花中二絕：牡丹、芍藥。

歲寒二友：蠟梅、天竹。

花中二姊妹：薄荷、留蘭香。

紅花二姊妹：紅花、藏紅花。

園林三寶：樹中銀杏、花中牡丹、草中蘭花。

中國三大天然名花：杜鵑、報春、龍膽。

歲寒三友：松、竹、梅。

春花三傑：牡丹、梅花、海棠。

香花三元：蘭花、茉莉、桂花。

花中四君子：梅花、蘭花、竹子、菊花。

花中四雅：蘭花、菊花、水仙、菖蒲。

雪中四友：迎春、春梅、山茶、水仙。

盆栽四大家：黃楊、金雀、迎春、絨針柏。

四大切花：月季、菊花、香石竹、唐菖蒲。

五果之花：桃花、杏花、李花、梨花、蘋果花。

盆栽五姊妹：山茶花、杜鵑花、仙客來、石蠟紅、弔鐘海棠。

花卉六友：芳友蘭花、直友竹、淨友蓮花、高友松、佳友菊花、清友梅
花。

樹椿七賢：黃山松、纓絡柏、楓、銀杏、崔梅、冬青、榆。

中國十大香花：桂花、梅花、蘭花、水仙、珠蘭、蠟梅、米蘭、玫瑰、
蓮花、梔子。

花中十友：韻友茶、雅友茉莉、殊友瑞香、淨友蓮花、仙友桂花、名友
海棠、佳友菊花、豔友芍藥、清友梅花、禪友梔子。

中國傳統十大名花：梅花、牡丹、菊花、蘭花、月季、杜鵑、山茶、荷
花、桂花、水仙。

花中十二師：牡丹、蘭花、梅花、菊花、桂花、蓮花、芍藥、海棠、水
仙、蠟梅、杜鵑、玉蘭。

花中十二友：珠蘭、茉莉、瑞香、紫藤、山茶、碧桃、玫瑰、丁香、杏
花、石榴、月季、桃花。

花中十二婢：鳳仙、薔薇、梨花、李花、木香、木芙蓉、藍菊、梔子、
繡球、罌粟、秋海棠、夜來香。

花中十八學士：桃、梅、虎刺、吉慶、杜鵑、木瓜、天竹、羅漢松、鳳
尾竹、紫薇、石榴、枸杞、翠柏、蠟梅、山茶、月季、
梔子、西府海棠（一說另有六月雪，無月季）。

花中三十二品：

春花──春梅、桃花、海棠、牡丹。

夏花──蓮花、石榴、紫薇、百合。

秋花──菊花、芙蓉、桂花、玉簪。

冬花──蠟梅、天竹、瑞香、迎春。

蔭木──蒼松、檜柏、銀杏、梧桐。

葉木──翠竹、芭蕉、紅楓、垂柳。

果木──枇杷、柑橘、棗、柿。

蔓木──紫藤、凌霄、忍冬、葡萄。

十、花木與節日民俗

中國人的生活可以說離不開花木，中國人愛花、惜花，所以一年四季很多節日均用花草來點綴、美化，以活躍節日氣氛，甚至有的節日就是專為花而設。

古人認為「萬物有靈」，花木亦為神靈，為渡劫難，多借用花木來幫助，並與祭祀天地，宗教的儒、道、釋，民間的孝道仁信、求吉避邪等結合起來，形成了風俗。如元旦日掛桃符；五月端午為惡月惡日，以蘭花沐浴，插艾、菖蒲等；九月九日，登高，飲茱萸酒、菊花酒，佩茱萸袋等。這些都是借花木來驅鬼避邪、消災除禍、求祥納吉。

隨著時代變化、社會進步，人們對古代借花木來避邪求吉的功能漸漸淡忘，花木已成為人們節日裝飾、娛樂和美化生活、友誼交往的必需品。

在中華民族千百年的風俗中，積澱著深厚的中華民族文化滋養。花木文

化正抒發了中華民族對幸福和諧、對真善美的追求和憧憬。下面把中國民俗文化中有關花木的內容按節日時序整理如下，以供參考。

一月

一日，元旦。人們陳設各種花卉，如水仙、瑞香、茶花等，用來裝扮新春喜慶氣氛。飲菊花酒、梅花酒、椒花酒、木葉酒、桃花枝湯，以延年益壽。「梅花酒元日服之，卻老。」佩人參、木香囊，將桃木板掛門上，謂之「仙木」以避邪。（見《荊楚歲時記》、《四民月令》、《清異錄》）

七日，人日。以七種菜為羹，剪花勝相贈。用絨絹、金箔制花形飾品，簪於髮髻或飾於屏風上，以求繁華榮盛。（見《荊楚歲時記》）

立春日。將春餅生菜裝入盤中，稱「春盤」。泥塑，或紮制春牛，用飾滿花葉的春鞭打牛，稱「打春牛」、「鞭春」。「打春牛」，說明春耕開始，以求新的一年風調雨順，五穀豐登。（見《武林舊事》、《四時寶鏡》）浙江一帶有用松柏、冬青、竹等綠樹枝插於門楣，稱為「插春」。很多地方剪各種帶花的「春帖」，貼於門頭或房內，以求春福。

十五日，元宵節（又稱上元節）。紮制或掛各種花燈，如梔子花燈、蓮花燈、西瓜燈等，並在燈上繪各種花卉。唐代仕女乘車在花苑或郊外設宴為「探春宴」。放各種花名的煙花，如千丈菊、梨花香、水澆蓮等。（見《西湖遊覽志餘·熙朝樂事》、《荊楚歲時記》、《開元天寶遺事》、《金瓶梅詞話》等）此時，婦女修飾打扮，頭上飾玉梅、雪柳、菩提葉等，穿粉色衣裙賞月觀花燈。（見《武林舊事》）

二十日，棉花生日。（見《清嘉錄》）

二十五日，添倉節。山東等地用細灰在地上畫糧倉，撒上五穀，象徵五穀豐登。

孟春。「今京師凡孟春之月，兒女多剪綵為花，或草蟲之類插首，曰『鬧嚷嚷』。」（見《余氏辨林》）

二月

一日，中和節。用青色袋子裝五穀、瓜果互贈，稱「獻生子」，祝賀五穀豐收，多子多福。發上飾青葉，喻青春永駐。（見《武林舊事》）

二日，挑菜節、龍抬頭節。「二月二日，曲江採菜，士民遊觀極盛。」（見《秦中歲時記》）

十二日，百花生日，花朝節。「二月十二日為花朝，花神生日，各花卉俱賞紅。」清詩人蔡雲有詩云：「百花生日是良辰，未到花朝一半春。紅紫萬千披錦繡，尚勞點綴賀花神。」亦有以十五日為花朝節。

十五日，花朝節。人們爭相於園中觀花，到花神廟拜花神、賞花、插花。少年男女則用紅綠絨帛，或用彩紙剪燕子、蝴蝶、鳥鵲等掛於花枝上，稱為「賞紅」。以示歡迎春天到來，也表示男子康健、女兒美豔。南朝梁元帝蕭繹詩云：「花朝月夜動春心，誰忍相思不相見。」（見《夢粱錄》）吃百花糕。唐時一年花朝節，女皇武則天游花園，突發奇想，令宮女採下各種花朵，和米搗碎，蒸成糕，名「百花糕」。每年花朝節她都用這種糕賞賜群臣，後流入民間，成為一種習俗。（見《隋唐佳話錄》）

雲南彝族二月八日有「插花節」，採杜鵑花飾於門頭、床頭、牛角上，以求平安吉祥、六畜興旺。青年男女互贈春花簪於頭上，以示真心相愛，永

不變心。

雲南白族二月九日有「朝花會」，把茶花設放在花臺上，象徵百花來朝茶花神。

三月

三日（或上巳日），薺菜花生日。頭戴薺花。有諺云：「三春戴薺花，桃李羞繁華。」婦女還用薺花蘸油，祝禱之後撒於水上，如果呈花卉或龍鳳形狀，表明吉祥，謂之「油花卜」。（見《西湖遊覽志餘·熙朝樂事》、《妝樓記》、《武林舊事》）

三日。三月三日，採桃花酒浸服之，除百病，好顏色。（見《太清方》）上巳日。佩蘭草，祓除不祥。（見《韓詩外傳》）

寒食節。裝萬花輿，煮桃花粥。插柳滿簷，加棗固於柳上。（見《雲仙雜記》、《武林舊事》）

清明節。掃墓、踏青。楊柳枝插於門頭上。農家以插柳晴雨占一年雨水多少；婦女結柳球戴於鬢邊，示紅顏不老。清明下雨謂之「杏花雨」。（見《清嘉錄》、《東京夢華錄》、《歲時廣記》）江南等地，有在秧田插柳、插桃枝等風俗，以驅邪、祈豐收。

穀雨。賞牡丹。民諺云：「穀雨三朝看牡丹。」（見《清嘉錄》）

暮春，臨安（今杭州）花市。「是月春光將暮，百花盡開，如牡丹、芍藥、棣棠、木香、茶

、薔薇……賣花者以馬頭竹籃盛之，歌叫於市，買者紛然。」（見《夢粱錄》）

菜花開時，開賞菜花會。蘇城「菜花黃時，苦於酒家小飲，攜盒而往，對花冷飲……是時風和日麗，遍地黃金，青衫紅袖，越阡度陌，蝶蜂亂飛，令人不飲自醉。」（見《浮生六記》）

櫻花開時，親人、朋友相別，折櫻花相贈，以表春心。唐詩人元稹《折花枝送行》詩云：「櫻桃花下送君時，一寸春心逐折枝。別後相思最多處，千株萬片繞林垂。」

雲南德昂族清明節有「澆花水」之俗，採花飾於門上，以花蘸水互灑，以示祝福。男女青年互贈春花，以示愛情忠貞，相悅相愛。雲南傣族、崩龍族有「採花節」，男女青年採花相贈，表示愛情純潔。怒族於三月十五日過「鮮花節」，採鮮花獻於女花神像前，歌舞歡宴，祈求風調雨順，生活幸福。

四月

八日，佛生日、浴佛節。佛家以都梁香為青色水，鬱金香為赤色水，丘隆香為白色水，附子香為黃色水，安息香為黑色水，以灌佛頂。（見《高僧傳》）

十四日，菖蒲誕日。（見《清閒供》）

蘇州花市。這天全城沸騰，大街小巷，搭棚設臺，繁花爭榮，千姿百態，馨香飄蕩，萬民空巷，傾巢而出，比肩繼踵，嬉鬧喧嘩，真乃良辰美景，賞心樂事。

立夏日。有設果菜、花卉嘗新的風俗。

廣西民間有吃五色飯風俗，以楓葉及各種花染色，佛寺有用藿香等香草煎成香湯浴佛，慶賀佛的生日。

五月

一日至五日。家家買桃、榴、葵、蒲葉、菱、粽、時果，當門供養。家家妝飾小女孩，簪以榴花，謂之「女兒節」。(見《夢粱錄》)、《帝京景物略》)

五日，端午節，又稱端陽節、重午、重五節、蒲節、浴蘭令節、沐浴節、解粽節、天中節、地臘節等。蓄蘭，因沐浴，稱「蘭湯浴」。飲菖蒲酒、艾酒，採艾、菖蒲懸門戶。刻艾、菖蒲為小人或葫蘆形佩戴。簪艾葉、榴花，號為「端午景」。(見《大戴禮記‧夏小正》、《玉燭寶典》、《荊楚歲時記》、《風土記》、《歲時雜記》、《夢粱錄》等) 以菰葉裹黏米、粟、棗，做成粽子，又稱角黍。龍舟競渡，紀念屈原。(見《風土記》、《荊楚歲時記》) 將花名互對，或以草互碰，以決勝負，稱「鬥草」。《詩經‧周南‧芣苢》即為商、周時「童兒鬥草嬉戲之歌謠」。芣苢，即車前草。「五月五日，四民並踢百草，又有鬥草之戲。」(見《荊楚歲時記》)

甘肅文縣藏胞有「採花節」。採花互贈，以求花神護祐。

十三日，竹醉日。(見《清閟供》)

十五日，中元節、鬼節。祭祀祖先，作盂蘭盆會，放荷花燈。(見《津門雜記》)

二十日，棉花生日。亦有以一月二十日為棉花生日。(見《清嘉錄》、《瀛壖雜誌》)

芒種至夏至。雨水霖霪為「黃梅雨」，農家始插秧，謂之「發黃梅」。風為「落梅風」，江淮以為信風。（見《風土記》、《風俗通》）

六月

六日，顯應觀崔府君誕辰。士女炷香拜祀，登舟泛湖，作避暑之遊。時茉莉花盛開，婦女簪戴可多至七插。（見《乾淳歲時記》、《武林舊事》）

二十四日，荷花生日。人們乘舫賞蓮、採蓮、插蓮。採蓮、插蓮有以減暑氣之風俗。楊萬里《瓶中紅白蓮》詩云：「紅白蓮花供玉瓶，紅蓮韻絕白蓮清。空齋不是無秋暑，暑被香銷斷不生。」夫妻還互贈蓮子，以示多子多福。（見《避暑錄話》、《內觀日疏》、《吳郡記》）

飲荷花酒。「六月……搗蓮花，制碧芳酒。」（見《雲仙雜記》）

四川阿壩州的藏胞有「賞花節」，是時到山上宴飲、歌舞、採花。

七月

七日，七夕節、乞巧節、女兒節、少女節。婦女結綵縷、穿七孔針、陳瓜果於庭中乞巧。有蜘蛛喜子織網於瓜果上，則為吉利，說明女兒手巧心靈。青年男女以花為飾，以示追求愛情、美麗和智慧；成年人以花為飾，則表示追求豐收、生育。以兩朵蓮花做成雙頭蓮於木板上叫「做谷板」。（見《東京夢華錄》、《帝京歲時記》）

七夕時，廣州設花果與牛郎、織女雛偶。花果有百穀、紅豆、蓮子、花生、紅棗、白果、髮菜、冬菇等，象徵愛情、美麗、智慧、生育。

七夕時，廣西灌陽在水盆中放入花草，在太陽下曬，稱「曬香水」，用

以洗浴，使愛侶恩愛更深、更濃。

七月十五日，中元節。在水中放荷花燈。

立秋日。婦女兒童採楸葉戴頭上，或以石楠紅葉剪刻花瓣插鬢邊，以示迎秋。（見《武林舊事》、《中民月令》）

八月

八日，竹醉日。據說此日種竹易活。亦有說五月十三日為「竹醉日」。（見《山家清事》）

十四日，以錦綵為眼明囊，互相饋贈。（見《荊楚歲時記》）

十五日，中秋節，月夕節。賞桂花，以桂花為飾。設瓜果、月餅、兔兒爺祭月，象徵家庭和睦團圓。採桂花制桂花酒、桂花糖、糕點等。此日亦為牡丹生日，據說此日移栽牡丹興旺，又稱「移花日」。（見《清閒供》、《夢粱錄》）

成都舉辦「桂市」。（見《成都古今記》）

八月雨謂「豆花雨」。（見《風土記》）

九月

九日，重陽節、重九、登高節、菊花節、茱萸節。登高，佩茱萸，食蓬餌，飲菊花酒、茱萸酒。各家以粉面蒸糕相贈，上插小彩旗，糝釘榴、栗、銀杏、松子類果實。又以蘇子微漬梅鹵，雜和蔗糖、梨、橙等，名曰「春蘭秋菊」。（見《西京雜記》、《東京夢華錄》）貴家皆以此日賞菊，士庶之家亦買一二盆菊花觀賞。文人雅士也喜在頭上簪花。因為古代男子亦挽髮髻，可

簪花。唐代文人在這天登高頭上即插花，用以解思鄉、思親之愁，藉以抒發情懷。民間有男女簪菊花、茱萸用來避邪的風俗。唐詩人杜牧《九日齊山登高》詩云：「塵世難逢開口笑，菊花需插滿頭歸。」都市還有立九花山子的風俗，即用百盆菊花，壘架成山，謂之「九花塔」。（見《夢粱錄》、《西湖遊覽志餘・熙朝樂事》、《燕京歲時記》）

十月

立冬日。以各色香草、菊花、金銀花煎湯沐浴，謂之「掃疥」。（見《西湖遊覽志餘・熙朝樂事》、《燕京歲時記》）

十一月

冬至日。以雪為花，雪中賞竹。（見《武林舊事》）

民間有在紙上畫一枝梅花圖，上有八十一個花瓣，從冬至日起，每日染色一瓣，瓣染完為九九出，則已至春深，謂之「九九消寒圖」。（見《帝京景物略》）

三十日。煮赤豆與花作糜以祭門，用以禳疫。（見《玉燭寶典》）

十一月又稱冬月。成都舉辦梅市。（見《成都古今記》）

十二月

八日，臘日、臘八節。以棗、蓮子、紅豆、花生米、核桃仁等果仁煮粥，謂之臘八粥。夜裏令人持椒臥井旁，不與人說話，把椒再納入井中，可除瘟病。（見《風土記》、《養生要論》）

　　二十三日（南方二十四日），祭灶日。門頭、房檐插柏、冬青枝。以糖、黍糕、棗、栗、胡桃、炒豆奉灶君，以糟草秣灶君子。有《竹枝詞》云：「柏子冬青插遍簷，灶神酒果送朝天。」（見《帝京景物略》）

　　二十九日，廣州花市。

　　三十日，除夕、除夜、除歲夜、歲歲、年夜。掛桃符、換春牌。用橘子、荔枝等果品置於枕畔，謂之「壓歲果子」。將珠玉、詩箋、爆竹、壓歲錢袋設於一起，均為討吉利、求福、祈豐收、壓歲等意。用松柏枝插於瓶中，上綴銅錢、元寶，謂之「搖錢樹」。盆盛糯米飯，上放蓮子、紅棗、花生，稱「聚寶盆」。飯上插花為「春飯」。果盒內放滿糖果，喻樣樣齊全，生活甜美，寓意來年一本萬利，生意發財。（見《清嘉錄》、《燕京歲時記》、《武林舊事》）

　　十二月又稱臘月，民間還有簪茶花、桃花、牡丹、石榴花等俗，稱為「花臘」。因此時難有鮮花，多用假花，民間稱「象生花」來代替。有雜合四季之花於花冠上，如果難以湊到一塊，也多用假花戴之，稱為「一年景」。此花冠昂貴，一般人家難戴，只有宮廷或富貴人家才有。

十一、十二月花兒歌

　　花知時節開。許多花木與大自然的季節、時令、天氣、氣候的變化有直接的關係，人們在長期的生產、生活中通過觀察，日積月累總結出很多經驗，並以民歌的形式流傳下來，下面選編三首不同地區的《十二月花兒歌》：

（一）

正月梅花香又香，二月蘭花盆裏裝，

三月桃花紅十里，四月薔薇靠短牆，

五月石榴紅似火，六月荷花滿池塘，

七月梔子頭上戴，八月丹桂滿枝黃，

九月菊花初開放，十月芙蓉正上妝，

十一月水仙案上供，十二月蠟梅雪裏香。

（二）

正月梅花淩寒開，二月杏花滿枝頭，

三月桃花紅爛漫，四月薔薇繞籬牆，

五月石榴紅似火，六月荷花伴暑風，

七月鳳仙展奇葩，八月木樨滿院香，

九月菊花傲霜開，十月芙蓉孤自芳，

十一月水仙淩波開，十二月蠟梅報春來。

（三）

正月梅花早逢春，二月杏花白似銀，

三月桃紅人人愛，四月薔薇小麥青，

五月石榴紅似火，六月荷花結蓮心，

七月鳳仙雞冠紅，八月桂花香萬里，

九月菊花滿地黃，十月芙蓉應小春，

十一月水仙花開飄大雪，十二月霜打蠟梅水結冰。

光陰過得真個快，一寸光陰一寸金；

失落黃金有分量，錯過光陰沒處尋。

十二、中國各省（自治區、市）花一覽表

北京：菊花、月季花

上海：白玉蘭

天津：月季花

重慶：山茶花

河北省：太平花

　　石家莊：月季花

　　邯鄲：月季花

　　邢臺：月季花

　　保定：蘭花

　　張家口：大麗花

　　承德：玫瑰花

　　滄州：月季花

　　廊坊：月季花

山西省：榆葉梅

　　太原：菊花

內蒙古自治區：馬蘭花、金老梅

　　呼和浩特：丁香、小麗花

包頭：小麗花

遼寧省：天女花

潘陽：玫瑰花

遼陽：大麗花

大連：月季花

撫順：玫瑰花

本溪：天女木蘭

丹東：杜鵑花

阜新：黃刺梅

錦州：月季花

吉林省：君子蘭

長春：君子蘭

延邊：杜鵑花

黑龍江省：丁香、玫瑰花

哈爾濱：丁香

伊春：杜鵑花

佳木斯：玫瑰花

江蘇省：芍藥、瓊花

南京：梅花

淮陰：月季花

揚州：瓊花、芍藥

南通：菊花

　　鎮江：蠟梅花

　　常州：月季花

　　無錫：杜鵑花、梅花

　　蘇州：桂花

　　徐州：紫薇

　　泰州：月季花

　　連雲港：石榴花

　　宿遷：月季花

浙江省：玉蘭

　　杭州：桂花

　　寧波：山茶花

　　溫州：山茶花

　　紹興：蘭花

　　餘姚：杜鵑花

　　金華：山茶花

　　嘉興：杜鵑花、石榴花

安徽省：紫薇、黃山杜鵑

　　合肥：桂花、石榴花

　　淮南：月季花

　　淮北：月季花、梅花

　　蕪湖：茉莉花、白蘭花

　　蚌埠：月季花

馬鞍山：桂花、杜鵑花

安慶：月季花

阜陽：月季花

巢湖：杜鵑花

福建省：水仙花

福州：茉莉花

廈門：三角梅、葉子花

三明：杜鵑花

泉州：刺桐花、含笑

惠安：葉子花

漳州：水仙花

江西省：杜鵑花

南昌：金邊瑞香、月季花

景德鎮：山茶花

新餘：桂花、月季花、玉蘭花

九江：杜鵑花

井岡山：杜鵑花

鷹潭：月季花

瑞金：金邊瑞香

吉安：月季花

山東省：牡丹花

濟南：荷花

青島：月季花、山茶花

威海：月季花

濟寧：荷花、月季花

榮成：杜鵑花

菏澤：牡丹

棗莊：石榴花

河南省：蠟梅花、牡丹花

鄭州：月季花

開封：菊花

洛陽：牡丹

平頂山：月季花

焦作：月季花

鶴壁：迎春花

新鄉：石榴花、月季花

安陽：紫薇

許昌：荷花

漯河：月季花

三門峽：月季花

南陽：桂花

商丘：月季花

信陽：桂花、月季花

駐馬店：月季花、石榴花

湖北省：梅花

　　武漢：梅花

　　黃石：石榴花

　　襄陽：紫薇

　　老河口：桂花

　　十堰：石榴花、月季花

　　荊州：月季花

　　丹江口：梅花

　　宜昌：月季花

　　鄂州：梅花

　　荊門：石榴花

　　隨州：月季花

　　恩施：月季花、桂花

　　沙市：月季花、廣玉蘭

　　湖南省：荷花

　　長沙：杜鵑花

　　株洲：紅　木

　　湘潭：菊花、月季花

　　衡陽：月季花、山茶花

　　邵陽：月季花

　　岳陽：梔子花

　　常德：梔子花

　　婁底：月季花

　　韶山：杜鵑花

廣東省：木棉

　　廣州：木棉

　　深圳：葉子花

　　珠海：三角花

　　汕頭：鳳凰木、金鳳花

　　韶關：杜鵑花

　　惠州：葉子花

　　中山：菊花

　　江門：葉子花

　　佛山：玫瑰、月季花

　　湛江：洋紫荊

　　肇慶：雞蛋花、荷花

廣西壯族自治區：桂花

　　南寧：朱槿、扶桑

　　桂林：桂花

四川省：蘭花、木芙蓉

　　成都：木芙蓉

　　自貢：紫薇

　　攀枝花：木棉

　　瀘州：桂花

德陽：月季花

廣元：桂花

內江：黃角蘭、梔子花

樂山：海棠花

西昌：月季花

萬州：山茶花

貴州省：珙桐、杜鵑花

貴陽：紫薇、蘭花

雲南省：雲南山茶花

昆明：雲南山茶花

玉溪：扶桑、朱槿

大理：高山杜鵑花

東川：白蘭花

西藏自治區：報春花

拉薩：玫瑰花

陝西省：百合花

西安：石榴花

咸陽：紫薇、月季花

漢中：梔子花

甘肅省：香莢

蘭州：玫瑰花、荷花

青海省：綠絨蒿

西寧：丁香

格爾木：檉柳

寧夏回族自治區：枸杞

銀川：玫瑰花

新疆維吾爾自治區：雪蓮花

烏魯木齊：玫瑰花

奎屯：玫瑰花

香港特別行政區：洋紫荊

澳門特別行政區：荷花

臺灣省：蝴蝶蘭

臺北：杜鵑花

高雄：扶桑

基隆：杜鵑花、紫薇

臺中：木棉

臺南：鳳凰木

新竹：杜鵑花

嘉義：玉蘭、紫荊

彰化：菊花

宜蘭：蘭花

桃園：桃花

南投：梅花

屏東：葉子花

花蓮：蓮花

澎湖：天人菊

臺東：蝴蝶蘭

十三、世界各國國花一覽表

亞洲

阿富汗：紅色鬱金香

阿聯酋：孔雀草、百日草

不丹：綠絨蒿

孟加拉：睡蓮

緬甸：龍船花

中國：唐、明、清曾以牡丹為國花，辛亥革命後曾以梅花為國花，現尚
未定

印度：荷花

印尼：毛茉莉

伊朗：鬱金香、突厥薔薇

伊拉克：月季

以色列：銀蓮花

日本：櫻花、菊花

柬埔寨：睡蓮

老撾：雞蛋花

黎巴嫩：雪松

朝鮮：杜鵑花、金達萊

韓國：木槿

馬來西亞：扶桑

尼泊爾：杜鵑花

巴基斯坦：素馨、茉莉

菲律賓：毛茉莉

沙烏地阿拉伯：烏丹玫瑰

新加坡：卓錦・萬代蘭

斯里蘭卡：荷花

敘利亞：月季、鬱金香、玫瑰

泰國：睡蓮

土耳其：鬱金香

歐洲

奧地利：火絨草

比利時：月季、杜鵑花、虞美人

保加利亞：玫瑰

捷克：玫瑰、石竹

斯洛伐克：玫瑰、石竹

丹麥：木春菊

芬蘭：鈴蘭

法國：香根鳶尾、月季花、百合花

德國：矢車菊

希臘：油橄欖花、香菫花

匈牙利：鬱金香

愛爾蘭：白色酢漿草

意大利：雛菊、月季

列支敦士登：黃百合

立陶宛：芸香

盧森堡：月季、玫瑰

荷蘭：鬱金香

摩納哥：香石竹

挪威：石楠花

波蘭：三色菫

葡萄牙：薰衣草

羅馬尼亞：白玫瑰、白薔薇

聖馬利諾：仙客來

西班牙：石榴花

瑞典：鈴蘭

瑞士：火絨草

俄羅斯：向日葵

英國：玫瑰

蘇格蘭：蘭刺頭

梵蒂岡：白百合花

南斯拉夫：鈴蘭花

非洲

阿爾巴尼亞：夾竹桃、鳶尾

埃及：睡蓮

衣索比亞：馬蹄蓮

迦納：海棗

加蓬：火焰樹

肯亞：蘭花

利比亞：石榴花

賴比瑞亞：胡椒

馬達加斯加：旅人蕉、鳳凰木

摩洛哥：香石竹、月季花

塞席爾：鳳尾蘭

南非：帝王花

蘇丹：扶桑

坦尚尼亞：丁香、月季

突尼斯：油橄欖花、銀荊樹

尚比亞：三角花

辛巴威：嘉蘭

大洋洲

澳大利亞：金合歡花

斐濟：扶桑花

紐西蘭：銀蕨、桫欏

美洲

阿根廷：賽波花

玻利維亞：坎塗花

巴西：卡特蘭、熱帶蘭

加拿大：糖槭樹

智利：戈比愛花、紅鈴蘭

哥倫比亞：紅卡特蘭

哥斯大黎加：卡特蘭

古巴：薑黃色百合花

多明尼加：桃花心木

厄瓜多爾：白蘭花

薩爾瓦多：絲蘭花

瓜地馬拉：捧心蘭花

圭亞那：睡蓮

洪都拉斯：香石竹

牙買加：生命之木花

墨西哥：大麗花、僊人掌

尼加拉瓜：薑黃色百合花

巴拿馬：鴿子蘭

巴拉圭：五月蘭

秘魯：向日葵、石榴花

蘇利南：法賈魯比花

烏拉圭：桃紅色山楂花、象牙紅、茉莉花

委內瑞拉：飄唇蘭

美國：月季、山楂花、玫瑰

百花爭豔吐芳菲（後記）

花木，大自然美麗的女神。她集聚精華，薈萃靈秀；絢麗多彩，彩繪世界。

花木，人類的親密朋友。她美化環境，裝點江山；淨化空氣，沁人心脾。

花木，是美的象徵，千姿百態，高雅神韻；色彩繽紛，馨香馥郁；賞心悅目，芳香可人。

花木，是愛的種子，贈人玫瑰，手留餘香；臨別留芍，友誼長存；蜂戲蝶舞，播種傳粉。

中國花木文化悠久厚重、源遠流長。她起源於 7000 年前的河姆渡文化，與輝煌燦爛的中華民族文化同生共榮，經久不衰！

中華民族故稱為「華夏」。華者，花也；夏者，大也。從這個意義上看，所謂華夏，即花之大者、美者。可見中國花木文化內涵之深蘊久長。

中國是花木王國，花木的發源地。中國是世界上擁有花木種類最多、最豐富的國家之一，花木是中國與世界友誼的紐帶。中國花木很早就傳至日本、韓國，18 世紀已風靡歐洲，甚至西方花卉專家說：如果沒有中國的花卉，世界就不成其為花園。因此，中國享有世界「花園之母」的美譽。中國的花木文化不僅豐富了中國文明寶庫，也對整個人類文明和世界花木作出了不可磨滅的貢獻，為中國乃至世界文化史寫下光輝燦爛的一頁。

中國花木文化是根文化、種子文化。她與人們的生活緊密相聯，在人們的生產、生活中，無處不滲透著中國花木文化的滋養。請看那：

神話傳說、民間故事，花仙木神正飄然而來；

歷代吟詠花木的詩詞歌賦，不絕於世，千秋傳唱；

繪畫花木的丹青翰墨，百卉吐蕊，群芳生香；

花舞樂曲，輕颺飄飄，韻律悠揚；

花肴美饌，五味飄香，滋養健康；

花燻香茗，清香高雅，友誼傳情；

玉瓶插花，春意融融，意趣盎然；

民俗風情，百花獻瑞，萬卉呈祥；

歲時節慶，花會花展，花海潮湧……

中國花木文化世世芬芳，萬代飄香。中國花木文化內涵豐富，意蘊深長。她與文學、藝術、科技、宗教、民俗等門類相互滲透，相互融合，相互輝映。

花木即人，人亦花木。花木有靈，人與花木和諧共存。中國人對花木的情結有著深厚的文化內涵。清人張潮《幽夢影》曰：「梅令人高，蘭令人幽，菊令人野，蓮令人淡，春海棠令人豔，牡丹令人豪，蕉與竹令人韻，秋海棠令人媚，松令人逸，桐令人清，柳令人感。」花木無言勝有言。花或濃或烈，或素或雅，或訴情腸，或表言志，均能給人以情致，給人以高雅，給人以希望，給人以理想。這是中國人所感悟到的花的巧語睿言。

千百年來，花木深獲歷代仁人志士的喜愛和青睞，博得歷代文人墨客的讚美和歌詠，他們愛花、種花、賞花、用花、詠花、畫花，借花木抒懷言志，依花木傳情表意。屈原大夫植蘭九畹，陶潛隱居採菊東籬；李白斗酒醉臥花蔭，杜甫孤旅尋花江畔；蘇東坡貶職黃岡親植海棠，林和靖以梅為妻鶴

為子；周敦頤詠蓮成絕唱，陳毅元帥借松柏抒懷詠志。中國花木文化博大精深，輝煌厚重，千秋傳唱，萬世芬芳。

花木成為人們心中美的象徵和希望的寄託，不僅裝點了大地，美化了環境，促進了人類文明，增強了人們健康，而且引起人們美好的遐想。花木陶冶了人們的情趣，豐富了人們的文化生活。神話天女散花，已成為人們對美好生活的嚮往和憧憬，反映了勞動人民對祖國山河和大自然的熱愛。

朋友，請打開本書，一書在手，花木文化、花木知識美不勝收。

中華文化思想叢書 A0100040

中國花木民俗文化　下冊

作　　者　李　湧
責任編輯　蔡雅如

發 行 人　林慶彰

總 經 理　梁錦興

總 編 輯　張晏瑞

編 輯 所　萬卷樓圖書股份有限公司
　　臺北市羅斯福路二段 41 號 6 樓之 3
　　電話 (02)23216565
　　傳真 (02)23218698

出　　版　昌明文化有限公司
　　桃園市龜山區中原街 32 號
　　電話 (02)23216565

發　　行　萬卷樓圖書股份有限公司
　　臺北市羅斯福路二段 41 號 6 樓之 3
　　電話 (02)23216565
　　傳真 (02)23218698
　　電郵 SERVICE@WANJUAN.COM.TW

如何購買本書：

1. 劃撥購書，請透過以下郵政劃撥帳號：
　　帳號：15624015
　　戶名：萬卷樓圖書股份有限公司

2. 轉帳購書，請透過以下帳戶
　　合作金庫銀行　古亭分行
　　戶名：萬卷樓圖書股份有限公司
　　帳號：0877717092596

3. 網路購書，請透過萬卷樓網站
　　網址 WWW.WANJUAN.COM.TW

大量購書，請直接聯繫我們，將有專人為您
服務。客服：(02)23216565 分機 610

如有缺頁、破損或裝訂錯誤，請寄回更換

國家圖書館出版品預行編目資料

中國花木民俗文化 / 李湧著.-- 初版.-- 桃園
市：昌明文化出版；臺北市：萬卷樓發行，
2017.07　冊；　公分.-- (中國文化思想叢書)
ISBN 978-986-496-019-4(下冊：平裝)
1.花卉 2.民俗 3.文化研究 4.中國
435.4　　　　　　　　　　106011191

ISBN 978-986-496-019-4
2017 年 7 月初版
定價：新臺幣 240 元

本著作物經廈門墨客知識產權代理有限公司代理，由中原農民出版社有限公司授權萬
卷樓圖書股份有限公司出版、發行中文繁體字版版權。